中华人民共和国水利部

水利工程设计概（估）算编制规定

工程部分

水利部水利建设经济定额站　主编

www.waterpub.com.cn

图书在版编目（CIP）数据

水利工程设计概（估）算编制规定. 工程部分 / 水
利部水利建设经济定额站主编. -- 北京 ：中国水利水电
出版社，2015.2(2022.6重印)
 ISBN 978-7-5170-2982-3

Ⅰ. ①水… Ⅱ. ①水… Ⅲ. ①水利工程－设计－概算
编制－中国 Ⅳ. ①TV512

中国版本图书馆CIP数据核字(2015)第032354号

书　　名	**水利工程设计概（估）算编制规定　工程部分**
作　　者	水利部水利建设经济定额站　主编
出版发行	中国水利水电出版社
	（北京市海淀区玉渊潭南路 1 号 D 座　100038）
	网址：www. waterpub. com. cn
	E - mail：sales@mwr. gov. cn
	电话：(010) 68545888（营销中心）
经　　售	北京科水图书销售有限公司
	电话：(010) 68545874、63202643
	全国各地新华书店和相关出版物销售网点
排　　版	中国水利水电出版社微机排版中心
印　　刷	清淞永业（天津）印刷有限公司
规　　格	140mm×203mm　32 开本　6.25 印张　157 千字
版　　次	2015 年 2 月第 1 版　2022 年 6 月第 8 次印刷
印　　数	27001—31000 册
定　　价	**68.00 元**

凡购买我社图书，如有缺页、倒页、脱页的，本社营销中心负责调换

版权所有·侵权必究

水 利 部 文 件

水总〔2014〕429号

水利部关于发布《水利工程设计概（估）算编制规定》的通知

部直属各单位，各省、自治区、直辖市水利（水务）厅（局），各计划单列市水利（水务）局，新疆生产建设兵团水利局，武警水电指挥部：

为适应经济社会发展和水利建设与投资管理的需要，进一步加强造价管理和完善定额体系，合理确定和有效控制水利工程基本建设项目投资，提高投资效益，由我部水利建设经济定额站组织编制的《水利工程设计概（估）算编制规定》已经审查批准，现予以发布，自发布之日起执行。

本次发布的《水利工程设计概（估）算编制规定》包括工程部分概（估）算编制规定和建设征地移民补偿概（估）算编制规定。2002年发布的《水利工程设计概（估）算编制规定》、2009年发布的《水利水电工程建设征地移民安置规划设计规范》（补偿投资概（估）算内容）同时废止。

工程部分概（估）算编制规定与现行《水利建筑工程概算定额》、《水利水电设备安装工程概算定额》等定额配套使用。

本次发布的编制规定由水利部水利建设经济定额站负责解释。在执行过程中如有问题请及时函告水利部水利建设经济定额站。

附件：1.《水利工程设计概（估）算编制规定》（工程部分）
2.《水利工程设计概（估）算编制规定》（建设征地移民补偿）

中华人民共和国水利部
2014 年 12 月 19 日

主编单位　水利部水利建设经济定额站

参编单位　中水北方勘测设计研究有限责任公司

审　　查　汪　洪　刘伟平

主　　编　王治明　胡玉强　王朋基

副 主 编　杜雷功　孙富行

编　　写　王朋基　李文刚　尚友明　罗纯通

　　　　　华　夏　栾远新　徐学东　蔡　萍

　　　　　陈　振　芦京莲　程　瓦　王例珊

　　　　　高建洪　李卓玉

目　　录

总　则

一、为适应社会主义市场经济的发展和水利工程基本建设投资管理的需要，提高概（估）算编制质量，合理确定工程投资，根据《建筑安装工程费用项目组成》（住房和城乡建设部、财政部建标〔2013〕44 号）等国家相关政策文件，结合近年水利工程自身行业特点，在水利部水总〔2002〕116 号文颁布的《水利工程设计概（估）算编制规定》的基础上，修订形成了本编制规定。

二、本规定主要用于在前期工作阶段确定水利工程投资，是编制和审批水利工程设计概（估）算的依据，是对水利工程实行静态控制、动态管理的基础。建设实施阶段，本规定是编制工程标底、投标报价文件的参考标准，施工企业编制投标文件时可根据企业管理水平，结合市场情况调整相关费用标准。

三、本规定适用于大型水利项目和报送水利部、流域机构审批的中型水利项目，其他项目可参照执行。

四、工程设计概（估）算应按编制年的价格水平及政策进行编制。若工程开工年份的设计方案及价格水平发生较大变化时，设计概（估）算应重新编制报批。

五、工程设计概（估）算应由具有相应资质的设计、工程（造价）咨询单位负责编制。设计概（估）算文件应履行校核、审核程序，并在设计概（估）算文件加盖执业资格印章。

六、本规定由水利部水利建设经济定额站负责管理与解释。

设 计 概 算

第一章 工程分类及概算编制依据

第一节 工程分类和工程概算组成

（1）水利工程按工程性质划分为三大类，具体划分如下：

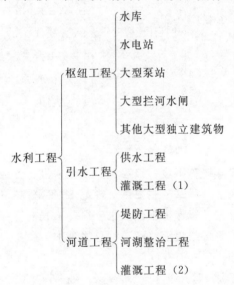

大型泵站、大型拦河水闸的工程等级划分标准参见附录1。

灌溉工程（1）指设计流量≥5m³/s的灌溉工程（工程等级标准参见附录1），灌溉工程（2）指设计流量＜5m³/s的灌溉工程和田间工程。

（2）水利工程概算项目划分为工程部分、建设征地移民补偿、环境保护工程、水土保持工程四部分。具体划分如下：

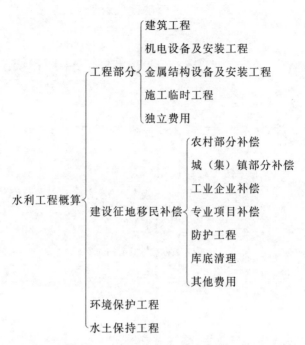

（3）各部分概算下设一级项目、二级项目、三级项目。

（4）本规定以后章节主要用于规范工程部分概算编制，建设征地移民补偿、环境保护工程、水土保持工程概算应分别执行相应编制规定，并将结果汇总到工程总概算中。

第二节　概算文件编制依据

（1）国家及省（自治区、直辖市）颁发的有关法令法规、制度、规程。

（2）水利工程设计概（估）算编制规定。

（3）水利行业主管部门颁发的概算定额和有关行业主管部门颁发的定额。

（4）水利水电工程设计工程量计算规定。

（5）初步设计文件及图纸。

（6）有关合同协议及资金筹措方案。

（7）其他。

第二章 概算文件组成内容

概算文件包括设计概算报告（正件）、附件、投资对比分析报告。

第一节 概算正件组成内容

一、编制说明

1. 工程概况

工程概况包括：流域、河系，兴建地点，工程规模，工程效益，工程布置型式，主体建筑工程量，主要材料用量，施工总工期等。

2. 投资主要指标

投资主要指标包括：工程总投资和静态总投资，年度价格指数，基本预备费率，建设期融资额度、利率和利息等。

3. 编制原则和依据

（1）概算编制原则和依据。

（2）人工预算单价，主要材料，施工用电、水、风以及砂石料等基础单价的计算依据。

（3）主要设备价格的编制依据。

（4）建筑安装工程定额、施工机械台时费定额和有关指标的采用依据。

（5）费用计算标准及依据。

（6）工程资金筹措方案。

4. 概算编制中其他应说明的问题

5. 主要技术经济指标表

主要技术经济指标表根据工程特性表编制，反映工程主要技术经济指标。

二、工程概算总表

工程概算总表应汇总工程部分、建设征地移民补偿、环境保护工程、水土保持工程总概算表。

三、工程部分概算表和概算附表

1. 概算表

（1）工程部分总概算表。

（2）建筑工程概算表。

（3）机电设备及安装工程概算表。

（4）金属结构设备及安装工程概算表。

（5）施工临时工程概算表。

（6）独立费用概算表。

（7）分年度投资表。

（8）资金流量表（枢纽工程）。

2. 概算附表

（1）建筑工程单价汇总表。

（2）安装工程单价汇总表。

（3）主要材料预算价格汇总表。

（4）次要材料预算价格汇总表。

（5）施工机械台时费汇总表。

（6）主要工程量汇总表。

（7）主要材料量汇总表。

（8）工时数量汇总表。

第二节　概算附件组成内容

（1）人工预算单价计算表。

（2）主要材料运输费用计算表。

（3）主要材料预算价格计算表。

（4）施工用电价格计算书（附计算说明）。

（5）施工用水价格计算书（附计算说明）。

（6）施工用风价格计算书（附计算说明）。

（7）补充定额计算书（附计算说明）。

（8）补充施工机械台时费计算书（附计算说明）。

（9）砂石料单价计算书（附计算说明）。

（10）混凝土材料单价计算表。

（11）建筑工程单价表。

（12）安装工程单价表。

（13）主要设备运杂费率计算书（附计算说明）。

（14）施工房屋建筑工程投资计算书（附计算说明）。

（15）独立费用计算书（勘测设计费可另附计算书）。

（16）分年度投资计算表。

（17）资金流量计算表。

（18）价差预备费计算表。

（19）建设期融资利息计算书（附计算说明）。

（20）计算人工、材料、设备预算价格和费用依据的有关文件、询价报价资料及其他。

第三节　投资对比分析报告

应从价格变动、项目及工程量调整、国家政策性变化等方面进行详细分析，说明初步设计阶段与可行性研究阶段（或可行性研究阶段与项目建设书阶段）相比较的投资变化原因和结论，编写投资对比分析报告。工程部分报告应包括以下附表：

（1）总投资对比表。

（2）主要工程量对比表。

（3）主要材料和设备价格对比表。

（4）其他相关表格。

投资对比分析报告应汇总工程部分、建设征地移民补偿、环境保护、水土保持各部分对比分析内容。

注：

（1）设计概算报告（正件）、投资对比分析报告可单独成册，也可作为初步设计报告（设计概算章节）的相关内容。

（2）设计概算附件宜单独成册，并应随初步设计文件报审。

第三章　项目组成和项目划分

第一节　项目组成

第一部分　建　筑　工　程

一、枢纽工程

指水利枢纽建筑物、大型泵站、大型拦河水闸和其他大型独立建筑物（含引水工程的水源工程）。包括挡水工程、泄洪工程、引水工程、发电厂（泵站）工程、升压变电站工程、航运工程、鱼道工程、交通工程、房屋建筑工程、供电设施工程和其他建筑工程。其中挡水工程等前七项为主体建筑工程。

（1）挡水工程。包括挡水的各类坝（闸）工程。

（2）泄洪工程。包括溢洪道、泄洪洞、冲沙孔（洞）、放空洞、泄洪闸等工程。

（3）引水工程。包括发电引水明渠、进水口、隧洞、调压井、高压管道等工程。

（4）发电厂（泵站）工程。包括地面、地下各类发电厂（泵站）工程。

（5）升压变电站工程。包括升压变电站、开关站等工程。

（6）航运工程。包括上下游引航道、船闸、升船机等工程。

（7）鱼道工程。根据枢纽建筑物布置情况，可独立列项。与拦河坝相结合的，也可作为拦河坝工程的组成部分。

（8）交通工程。包括上坝、进厂、对外等场内外永久公路，以及桥梁、交通隧洞、铁路、码头等工程。

（9）房屋建筑工程。包括为生产运行服务的永久性辅助生产建筑、仓库、办公、值班宿舍及文化福利建筑等房屋建筑工程和室外工程。

（10）供电设施工程。指工程生产运行供电需要架设的输电线路及变配电设施工程。

（11）其他建筑工程。包括安全监测设施工程，照明线路，通信线路，厂坝（闸、泵站）区供水、供热、排水等公用设施，劳动安全与工业卫生设施，水文、泥沙监测设施工程，水情自动测报系统工程及其他。

二、引水工程

指供水工程、调水工程和灌溉工程（1）。包括渠（管）道工程、建筑物工程、交通工程、房屋建筑工程、供电设施工程和其他建筑工程。

（1）渠（管）道工程。包括明渠、输水管道工程，以及渠（管）道附属小型建筑物（如观测测量设施、调压减压设施、检修设施）等。

（2）建筑物工程。指渠系建筑物、交叉建筑物工程，包括泵站、水闸、渡槽、隧洞、箱涵（暗渠）、倒虹吸、跌水、动能回收电站、调蓄水库、排水涵（槽）、公路（铁路）交叉（穿越）建筑物等。

建筑物类别根据工程设计确定。工程规模较大的建筑物可以作为一级项目单独列示。

（3）交通工程。指永久性对外公路、运行管理维护道路等工程。

（4）房屋建筑工程。包括为生产运行服务的永久性辅助生产建筑、仓库、办公用房、值班宿舍及文化福利建筑等房屋建筑工程和室外工程。

（5）供电设施工程。指工程生产运行供电需要架设的输电线路及变配电设施工程。

（6）其他建筑工程。包括安全监测设施工程，照明线路，通信线路，厂坝（闸、泵站）区供水、供热、排水等公用设施工程，劳动安全与工业卫生设施，水文、泥沙监测设施工程，水情自动测报系统工程及其他。

三、河道工程

指堤防修建与加固工程、河湖整治工程以及灌溉工程（2）。包括河湖整治与堤防工程、灌溉及田间渠（管）道工程、建筑物工程、交通工程、房屋建筑工程、供电设施工程和其他建筑工程。

（1）河湖整治与堤防工程。包括堤防工程、河道整治工程、清淤疏浚工程等。

（2）灌溉及田间渠（管）道工程。包括明渠、输配水管道、排水沟（渠、管）工程、渠（管）道附属小型建筑物（如观测测量设施、调压减压设施、检修设施）、田间土地平整等。

（3）建筑物工程。包括水闸、泵站工程，田间工程机井、灌溉塘坝工程等。

（4）交通工程。指永久性对外公路、运行管理维护道路等工程。

（5）房屋建筑工程。包括为生产运行服务的永久性辅助生产建筑、仓库、办公用房、值班宿舍及文化福利建筑等房屋建筑工程和室外工程。

（6）供电设施工程。指工程生产运行供电需要架设的输电线路及变配电设施工程。

（7）其他建筑工程。包括安全监测设施工程，照明线路，通信线路，厂坝（闸、泵站）区供水、供热、排水等公用设施工程，劳动安全与工业卫生设施，水文、泥沙监测设施工程及其他。

第二部分　机电设备及安装工程

一、枢纽工程

指构成枢纽工程固定资产的全部机电设备及安装工程。本部分由发电设备及安装工程、升压变电设备及安装工程和公用设备及安装工程三项组成。大型泵站和大型拦河水闸的机电设备及安装工程项目划分参考引水工程及河道工程划分方法。

（1）发电设备及安装工程。包括水轮机、发电机、主阀、起重机、水力机械辅助设备、电气设备等设备及安装工程。

（2）升压变电设备及安装工程。包括主变压器、高压电气设备、一次拉线等设备及安装工程。

（3）公用设备及安装工程。包括通信设备、通风采暖设备、机修设备、计算机监控系统、工业电视系统、管理自动化系统、全厂接地及保护网，电梯，坝区馈电设备，厂坝区供水、排水、供热设备，水文、泥沙监测设备，水情自动测报系统设备，视频安防监控设备，安全监测设备，消防设备，劳动安全与工业卫生设备，交通设备等设备及安装工程。

二、引水工程及河道工程

指构成该工程固定资产的全部机电设备及安装工程。一般包括泵站设备及安装工程、水闸设备及安装工程、电站设备及安装工程、供变电设备及安装工程和公用设备及安装工程四项组成。

（1）泵站设备及安装工程。包括水泵、电动机、主阀、起重设备、水力机械辅助设备、电气设备等设备及安装工程。

（2）水闸设备及安装工程。包括电气一次设备及电气二次设备及安装工程。

（3）电站设备及安装工程。其组成内容可参照枢纽工程的发电设备及安装工程和升压变电设备及安装工程。

（4）供变电设备及安装工程。包括供电、变配电设备及安装工程。

（5）公用设备及安装工程。包括通信设备、通风采暖设备、机修设备、计算机监控系统、工业电视系统、管理自动化系统、全厂接地及保护网，厂坝（闸、泵站）区供水、排水、供热设备，水文、泥沙监测设备，水情自动测报系统设备，视频安防监控设备，安全监测设备，消防设备，劳动安全与工业卫生设备，交通设备等设备及安装工程。

灌溉田间工程还包括首部设备及安装工程、田间灌水设施及安装工程等。

（1）首部设备及安装工程。包括过滤、施肥、控制调节、计量等设备及安装工程等。

（2）田间灌水设施及安装工程。包括田间喷灌、微灌等全部灌水设施及安装工程。

第三部分　金属结构设备及安装工程

指构成枢纽工程、引水工程和河道工程固定资产的全部金属结构设备及安装工程。包括闸门、启闭机、拦污设备、升船机等设备及安装工程，水电站（泵站等）压力钢管制作及安装工程和其他金属结构设备及安装工程。

金属结构设备及安装工程的一级项目应与建筑工程的一级项目相对应。

第四部分　施工临时工程

指为辅助主体工程施工所必须修建的生产和生活用临时性工程。本部分组成内容如下：

（1）导流工程。包括导流明渠、导流洞、施工围堰、蓄水期下游断流补偿设施、金属结构设备及安装工程等。

（2）施工交通工程。包括施工现场内外为工程建设服务的临时交通工程，如：公路、铁路、桥梁、施工支洞、码头、转运站等。

（3）施工场外供电工程。包括从现有电网向施工现场供电的高压输电线路（枢纽工程35kV及以上等级；引水工程、河道工程10kV及以上等级；掘进机施工专用供电线路）、施工变（配）电设施设备（场内除外）工程。

（4）施工房屋建筑工程。指工程在建设过程中建造的临时房屋，包括施工仓库，办公及生活、文化福利建筑及所需的配套设施工程。

（5）其他施工临时工程。指除施工导流、施工交通、施工场外供电、施工房屋建筑、缆机平台、掘进机泥水处理系统和管片预制系统土建设施以外的施工临时工程。主要包括施工供水（大型泵房及干管）、砂石料系统、混凝土拌和浇筑系统、大型机械安装拆卸、防汛、防冰、施工排水、施工通信等工程。

根据工程实际情况可单独列示缆机平台、掘进机泥水处理系统和管片预制系统土建设施等项目。

施工排水指基坑排水、河道降水等，包括排水工程建设及运行费。

第五部分 独立费用

本部分由建设管理费、工程建设监理费、联合试运转费、生产准备费、科研勘测设计费和其他等六项组成。

（1）建设管理费。

（2）工程建设监理费。

（3）联合试运转费。

（4）生产准备费。包括生产及管理单位提前进厂费、生产职工培训费、管理用具购置费、备品备件购置费、工器具及生产家具购置费。

（5）科研勘测设计费。包括工程科学研究试验费和工程勘测设计费。

（6）其他。包括工程保险费、其他税费。

第二节 项 目 划 分

根据水利工程性质，其工程项目分别按枢纽工程、引水工程和河道工程划分，工程各部分下设一级、二级、三级项目。建筑工程项目划分见表 3-1 和表 3-2，机电设备及安装工程、金属结构设备及安装工程、施工临时工程、独立费用项目划分见表 3-3～表 3-6。

二级、三级项目中，仅列示了代表性子目，编制概算时，二级、三级项目可根据初步设计阶段的工作深度和工程情况进行增减。

第一部分　建　筑　工　程

表 3-1

I		枢纽工程		
序号	一级项目	二级项目	三级项目	备注
一 1	挡水工程	混凝土坝(闸)工程		
			土方开挖	
			石方开挖	
			土石方回填	
			模板	
			混凝土	
			钢筋	
			防渗墙	
			灌浆孔	
			灌浆	
			排水孔	
			砌石	
			喷混凝土	
			锚杆（索）	
			启闭机室	
			温控措施	
			细部结构工程	
2		土（石）坝工程		
			土方开挖	
			石方开挖	
			土料填筑	
			砂砾料填筑	
			斜(心)墙土料填筑	
			反滤料、过渡料填筑	
			坝体堆石填筑	
			铺盖填筑	
			土工膜（布）	
			沥青混凝土	

Ⅰ	枢纽工程			
序号	一级项目	二级项目	三级项目	备注
二 1	泄洪工程	溢洪道工程	模板 混凝土 钢筋 防渗墙 灌浆孔 灌浆 排水孔 砌石 喷混凝土 锚杆（索） 面（趾）板止水 细部结构工程	
			土方开挖 石方开挖 土石方回填 模板 混凝土 钢筋 灌浆孔 灌浆 排水孔 砌石 喷混凝土 锚杆（索） 启闭机室 温控措施 细部结构工程	
2		泄洪洞工程	土方开挖 石方开挖 模板 混凝土	

I			枢纽工程	
序号	一级项目	二级项目	三级项目	备注
			钢筋	
			灌浆孔	
			灌浆	
			排水孔	
			砌石	
			喷混凝土	
			锚杆（索）	
			钢筋网	
			钢拱架、钢格栅	
			细部结构工程	
3		冲沙孔（洞）工程		
4		放空洞工程		
5		泄洪闸工程		
三	引水工程			
1		引水明渠工程		
			土方开挖	
			石方开挖	
			模板	
			混凝土	
			钢筋	
			砌石	
			锚杆（索）	
			细部结构工程	
2		进（取）水口工程		
			土方开挖	
			石方开挖	
			模板	
			混凝土	
			钢筋	
			砌石	
			锚杆（索）	
			细部结构工程	
3		引水隧洞工程		
			土方开挖	

Ⅰ	枢纽工程			
序号	一级项目	二级项目	三级项目	备注
4		调压井工程	石方开挖 模板 混凝土 钢筋 灌浆孔 灌浆 排水孔 砌石 喷混凝土 锚杆（索） 钢筋网 钢拱架、钢格栅 细部结构工程 土方开挖 石方开挖 模板 混凝土 钢筋 灌浆孔 灌浆 砌石 喷混凝土 锚杆（索） 细部结构工程	
5		高压管道工程	土方开挖 石方开挖 模板 混凝土 钢筋 灌浆孔 灌浆 砌石	

I			枢纽工程	
序号	一级项目	二级项目	三级项目	备注
四	发电厂 （泵站）工程		锚杆（索） 钢筋网 钢拱架、钢格栅 细部结构工程	
1		地面厂房工程	土方开挖 石方开挖 土石方回填 模板 混凝土 钢筋 灌浆孔 灌浆 砌石 锚杆（索） 温控措施 厂房建筑 细部结构工程	
2		地下厂房工程	石方开挖 模板 混凝土 钢筋 灌浆孔 灌浆 排水孔 喷混凝土 锚杆（索） 钢筋网 钢拱架、钢格栅 温控措施	

I	枢纽工程			
序号	一级项目	二级项目	三级项目	备注
3		交通洞工程	厂房装修 细部结构工程	
4 5 6 7 8		出线洞(井)工程 通风洞(井)工程 尾水洞工程 尾水调压井工程 尾水渠工程	土方开挖 石方开挖 模板 混凝土 钢筋 灌浆孔 灌浆 喷混凝土 锚杆（索） 钢筋网 钢拱架、钢格栅 细部结构工程	
五 1	升压变电站工程	变电站工程	土方开挖 石方开挖 土石方回填 模板 混凝土 钢筋 砌石 锚杆（索） 细部结构工程 土方开挖 石方开挖 土石方回填	

Ⅰ	枢纽工程			
序号	一级项目	二级项目	三级项目	备注
2		开关站工程	模板 混凝土 钢筋 砌石 钢材 细部结构工程	
六	航运工程		土方开挖 石方开挖 土石方回填 模板 钢筋 混凝土 砌石 钢材 细部结构工程	
1		上游引航道工程	土方开挖 石方开挖 土石方回填 模板 混凝土 钢筋 砌石 锚杆（索） 细部结构工程	
2		船闸(升船机)工程	土方开挖 石方开挖 土石方回填 模板 混凝土 钢筋	

Ⅰ			枢纽工程	
序号	一级项目	二级项目	三级项目	备注
			灌浆孔	
			灌浆	
			锚杆（索）	
			控制室	
			温控措施	
			细部结构工程	
3		下游引航道工程		
七	鱼道工程			
八	交通工程			
1		公路工程		
2		铁路工程		
3		桥梁工程		
4		码头工程		
九	房屋建筑工程			
1		辅助生产建筑		
2		仓库		
3		办公用房		
4		值班宿舍及文化福利建筑		
5		室外工程		
十	供电设施工程			
十一	其他建筑工程			
1		安全监测设施工程		
2		照明线路工程		
3		通信线路工程		
4		厂坝（闸、泵站）区供水、供热、排水等公用设施		
5		劳动安全与工业卫生设施		
6		水文、泥沙监测设施工程		
7		水情自动测报系统工程		
8		其他		

Ⅱ	引水工程			
序号	一级项目	二级项目	三级项目	备注
一 1	渠(管)道工程	××～××段干渠（管）工程		含附属小型建筑物
			土方开挖	
			石方开挖	
			土石方回填	
			模板	
			混凝土	
			钢筋	
			输水管道	各类管道（含钢管）
			管道附件及阀门	项目较多时可另附表
			管道防腐	
			砌石	
			垫层	
			土工布	
			草皮护坡	
			细部结构工程	
2		××～××段支渠（管）工程		
二 1	建筑物工程	泵站工程（扬水站、排灌站）		
			土方开挖	
			石方开挖	
			土石方回填	
			模板	
			混凝土	
			钢筋	
			砌石	
			厂房建筑	
			细部结构工程	
2		水闸工程		
			土方开挖	

Ⅱ			引水工程	
序号	一级项目	二级项目	三级项目	备注
3		渡槽工程	石方开挖 土石方回填 模板 混凝土 钢筋 灌浆孔 灌浆 砌石 启闭机室 细部结构工程 土方开挖 石方开挖 土石方回填 模板 混凝土 钢筋 预应力锚索（筋） 渡槽支撑 砌石 细部结构工程	钢绞线、钢丝束、钢筋 或高大跨渡槽措施费
4		隧洞工程	土方开挖 石方开挖 土石方回填 模板 混凝土 钢筋 灌浆孔 灌浆 砌石 喷混凝土 锚杆（索） 钢筋网 钢拱架、钢格栅	

Ⅱ			引水工程	
序号	一级项目	二级项目	三级项目	备注
			细部结构工程	
5		倒虹吸工程		含附属调压、检修设施
6		箱涵（暗渠）工程		含附属调压、检修设施
7		跌水工程		
8		动能回收电站工程		
9		调蓄水库工程		
10		排水涵（渡槽）		或排洪涵（渡槽）
11		公路交叉（穿越）建筑物		
12		铁路交叉（穿越）建筑物		
13		其他建筑物工程		
三	交通工程			
1		对外公路		
2		运行管理维护道路		
四	房屋建筑工程			
1		辅助生产建筑		
2		仓库		
3		办公用房		
4		值班宿舍及文化福利建筑		
5		室外工程		
五	供电设施工程			
六	其他建筑工程			
1		安全监测设施工程		
2		照明线路工程		
3		通信线路工程		
4		厂坝（闸、泵站）区供水、供热、排水等公用设施		
5		劳动安全与工业卫生设施		
6		水文、泥沙监测设施工程		
7		水情自动测报系统工程		
8		其他		

Ⅲ	河道工程			
序号	一级项目	二级项目	三级项目	备注
一	河湖整治与堤防工程			
1		××～××段堤防工程	土方开挖 土方填筑 模板 混凝土 砌石 土工布 防渗墙 灌浆 草皮护坡 细部结构工程	
2		××～××段河道（湖泊）整治工程		
3		××～××段河道疏浚工程		
二	灌溉工程			
1		××～××段渠（管）道工程	土方开挖 土方填筑 模板 混凝土 砌石 土工布 输水管道 细部结构工程	
三	田间工程			
1		××～××段渠（管）道工程		
2		田间土地平整		根据设计要求计列
四	建筑物工程			
1		水闸工程		
2		泵站工程（扬水站、排灌站）		

Ⅲ			河道工程	
序号	一级项目	二级项目	三级项目	备注
3	交通工程	其他建筑物		
五	房屋建筑工程			
六		辅助生产厂房		
1		仓库		
2		办公用房		
3		值班宿舍及文化		
4		福利建筑		
		室外工程		
5	供电设施工程			
七	其他建筑工程			
八		安全监测设施		
1		工程		
		照明线路工程		
2		通信线路工程		
3		厂坝（闸、泵站）		
4		区供水、供热、		
		排水等公用设施		
		劳动安全与工业		
5		卫生设施工程		
		水文、泥沙监测		
6		设施工程		
7		其他		

三级项目划分要求及技术经济指标

表 3－2

序号	三级项目			经济技术指标
	分类	名称示例	说　明	
1	土石方开挖	土方开挖	土方开挖与砂砾石开挖分列	元/m³
		石方开挖	明挖与暗挖，平洞与斜井、竖井分列	元/m³
2	土石方回填	土方填筑		元/m³
		石方填筑		元/m³
		砂砾料填筑		元/m³

序号	三级项目			经济技术指标
	分类	名称示例	说　明	
2	土石方回填	斜（心）墙土料填筑		元/m³
		反滤料、过渡料填筑		元/m³
		坝体（坝趾）堆石填筑		元/m³
		铺盖填筑		元/m³
		土工膜		元/m²
		土工布		元/m²
3	砌石	砌石	干砌石、浆砌石、抛石、铅丝（钢筋）笼块石等分列	元/m³
		砖墙		元/m³
4	混凝土与模板	模板	不同规格形状和材质的模板分列	元/m²
		混凝土	不同工程部位、不同标号、不同级配的混凝土分列	元/m³
		沥青混凝土		元/m³（m²）
5	钻孔与灌浆	防渗墙		元/m²
		灌浆孔	使用不同钻孔机械及钻孔的不同用途分列	元/m
		灌浆	不同灌浆种类分列	元/m（m²）
		排水孔		元/m
6	锚固工程	锚杆		元/根
		锚索		元/束（根）
		喷混凝土		元/m³
7	钢筋	钢筋		元/t

序号	三级项目			经济技术指标
	分类	名称示例	说　明	
8	钢结构	钢衬		元/t
		构架		元/t
9	止水	面（趾）板止水		元/m
10	其他	启闭机室		元/m²
		控制室（楼）		元/m²
		温控措施		元/m³
		厂房装修		元/m²
		细部结构工程		元/m³

第二部分　机电设备及安装工程

表 3 - 3

I	枢纽工程			
序号	一级项目	二级项目	三级项目	技术经济指标
一	发电设备及安装工程			
1		水轮机设备及安装工程	水轮机 调速器 油压装置 过速限制器 自动化元件 透平油	元/台 元/台 元/台套 元/台套 元/台套 元/t
2		发电机设备及安装工程	发电机 励磁装置 自动化元件	元/台 元/台套 元/台套
3		主阀设备及安装工程		

Ⅰ		枢纽工程		
序号	一级项目	二级项目	三级项目	技术经济指标
4		起重设备及安装工程	蝴蝶阀(球阀、锥形阀)	元/台
			油压装置	元/台
			桥式起重机	元/t（台）
			转子吊具	元/t（具）
			平衡梁	元/t（副）
			轨道	元/双10m
			滑触线	元/三相10m
5		水力机械辅助设备及安装工程		
			油系统	
			压气系统	
			水系统	
			水力量测系统	
			管路（管子、附件、阀门）	
6		电气设备及安装工程		
			发电电压装置	
			控制保护系统	
			直流系统	
			厂用电系统	
			电工试验设备	
			35kV及以下动力电缆	
			控制和保护电缆	
			母线	
			电缆架	
			其他	
二	升压变电设备及安装工程			
1		主变压器设备及安装工程		
			变压器	元/台
			轨道	元/双10m
2		高压电气设备及安装工程		

Ⅰ	枢纽工程			
序号	一级项目	二级项目	三级项目	技术经济指标
			高压断路器	
			电流互感器	
			电压互感器	
			隔离开关	
			110kV 及以上高压电缆	
3	公用设备及安装工程	一次拉线及其他安装工程		
三		通信设备及安装工程		
1				
			卫星通信	
			光缆通信	
			微波通信	
			载波通信	
			生产调度通信	
			行政管理通信	
2		通风采暖设备及安装工程		
			通风机	
			空调机	
			管路系统	
3		机修设备及安装工程		
			车床	
			刨床	
			钻床	
4		计算机监控系统		
5		工业电视系统		
6		管理自动化系统		
7		全厂接地及保护网		
8		电梯设备及安装工程		
			大坝电梯	
			厂房电梯	

Ⅰ	枢纽工程			
序号	一级项目	二级项目	三级项目	技术经济指标
9		坝区馈电设备及安装工程		
			变压器	
			配电装置	
10		厂坝区供水、排水、供热设备及安装工程		
11		水文、泥沙监测设备及安装工程		
12		水情自动测报系统设备及安装工程		
13		视频安防监控设备及安装工程		
14		安全监测设备及安装工程		
15		消防设备		
16		劳动安全与工业卫生设备及安装工程		
17		交通设备		

Ⅱ	引水工程及河道工程			
序号	一级项目	二级项目	三级项目	技术经济指标
一	泵站设备及安装工程			
1		水泵设备及安装工程		
2		电动机设备及安装工程		
3		主阀设备及安装工程		
4		起重设备及安装工程		
			桥式起重机	元/t（台）
			平衡梁	元/t（副）
			轨道	元/双 10m
			滑触线	元/三相 10m
5		水力机械辅助设备及安装工程		
			油系统	
			压气系统	
			水系统	

Ⅱ		引水工程及河道工程		
序号	一级项目	二级项目	三级项目	技术经济指标
6		电气设备及安装工程	水力量测系统 管路（管子、附件、阀门） 控制保护系统 盘柜 电缆 母线	
二	水闸设备及安装工程			
		电气一次设备及安装工程		
		电气二次设备及安装工程		
三	电站设备及安装工程			
四	供电设备及安装工程			
		变电站设备及安装工程		
五	公用设备及安装工程			
1		通信设备及安装工程		
			卫星通信 光缆通信 微波通信 载波通信 生产调度通信 行政管理通信	
2		通风采暖设备及安装工程		
			通风机 空调机 管路系统	
3		机修设备及安装工程		
			车床	

Ⅱ	引水工程及河道工程			
序号	一级项目	二级项目	三级项目	技术经济指标
			刨床	
			钻床	
4		计算机监控系统		
5		管理自动化系统		
6		全厂接地及保护网		
7		厂坝区供水、排水、供热设备及安装工程		
8		水文、泥沙监测设备及安装工程		
9		水情自动测报系统设备及安装工程		
10		视频安防监控设备及安装工程		
11		安全监测设备及安装工程		
12		消防设备		
13		劳动安全与工业卫生设备及安装工程		
14		交通设备		

第三部分　金属结构设备及安装工程

表 3－4

Ⅰ	枢纽工程			
序号	一级项目	二级项目	三级项目	技术经济指标
一	挡水工程			
1		闸门设备及安装工程		
			平板门	元/t
			弧形门	元/t
			埋件	元/t
			闸门、埋件防腐	元/t（m²）
2		启闭设备及安装工程		
			卷扬式启闭机	元/t（台）

I			枢纽工程	
序号	一级项目	二级项目	三级项目	技术经济指标
3		拦污设备及安装工程	门式启闭机 油压启闭机 轨道 拦污栅 清污机	元/t（台） 元/t（台） 元/双10m 元/t 元/t（台）
二	泄洪工程			
1		闸门设备及安装工程		
2		启闭设备及安装工程		
3		拦污设备及安装工程		
三	引水工程			
1		闸门设备及安装工程		
2		启闭设备及安装工程		
3		拦污设备及安装工程		
4		压力钢管制作及安装工程		
四	发电厂工程			
1		闸门设备及安装工程		
2		启闭设备及安装工程		
五	航运工程			
1		闸门设备及安装工程		
2		启闭设备及安装工程		
3		升船机设备及安装工程		
六	鱼道工程			

II			引水工程及河道工程	
序号	一级项目	二级项目	三级项目	技术经济指标
一	泵站工程			
1		闸门设备及安装工程		
2		启闭设备及安装工程		
3		拦污设备及安装工程		
二	水闸(涵)工程			
1		闸门设备及安装工程		
2		启闭设备及安装工程		

II		引水工程及河道工程		
序号	一级项目	二级项目	三级项目	技术经济指标
3		拦污设备及安装工程		
三	小水电站工程			
1		闸门设备及安装工程		
2		启闭设备及安装工程		
3		拦污设备及安装工程		
4		压力钢管制作及安装工程		
四	调蓄水库工程			
五	其他建筑物工程			

第四部分　施 工 临 时 工 程

表 3－5

序号	一级项目	二级项目	三级项目	技术经济指标
一	导流工程			
1		导流明渠工程		
			土方开挖	元/m³
			石方开挖	元/m³
			模板	元/m²
			混凝土	元/m³
			钢筋	元/t
			锚杆	元/根
2		导流洞工程		
			土方开挖	元/m³
			石方开挖	元/m³
			模板	元/m²
			混凝土	元/m³
			钢筋	元/t
			喷混凝土	元/m³
			锚杆（索）	元/根（束）
3		土石围堰工程		
			土方开挖	元/m³
			石方开挖	元/m³

序号	一级项目	二级项目	三级项目	技术经济指标
			堰体填筑	元/m³
			砌石	元/m³
			防渗	元/m³（m²）
			堰体拆除	元/m³
			其他	
4		混凝土围堰工程		
			土方开挖	元/m³
			石方开挖	元/m³
			模板	元/m²
			混凝土	元/m³
			防渗	元/m³（m²）
			堰体拆除	元/m³
			其他	
5		蓄水期下游断流补偿设施工程		
6		金属结构制作及安装工程		
二	施工交通工程			
1		公路工程		元/km
2		铁路工程		元/km
3		桥梁工程		元/延米
4		施工支洞工程		
5		码头工程		
6		转运站工程		
三	施工供电工程			
1		220kV供电线路		元/km
2		110kV供电线路		元/km
3		35kV供电线路		元/km
4		10kV供电线路（引水及河道）		元/km
5		变配电设施设备（场内除外）		元/座
四	施工房屋建筑工程			
1		施工仓库		
2		办公、生活及文化福利建筑		
五	其他施工临时工程			

注 凡永久与临时结合的项目列入相应永久工程项目内。

第五部分 独立费用

表 3 - 6

序号	一级项目	二级项目	三级项目	技术经济指标
一	建设管理费			
二	工程建设监理费			
三	联合试运转费			
四	生产准备费			
1		生产及管理单位提前进厂费		
2		生产职工培训费		
3		管理用具购置费		
4		备品备件购置费		
5		工器具及生产家具购置费		
五	科研勘测设计费			
1		工程科学研究试验费		
2		工程勘测设计费		
六	其他			
1		工程保险费		
2		其他税费		

第四章 费用构成

第一节 概　述

水利工程工程部分费用组成内容如下：

$$费用\begin{cases} 工程费\begin{cases} 建筑及安装工程费 \\ 设备费 \end{cases} \\ 独立费用 \\ 预备费 \\ 建设期融资利息 \end{cases}$$

一、建筑及安装工程费

由直接费、间接费、利润、材料补差和税金组成。

1. 直接费

（1）基本直接费。

（2）其他直接费。

2. 间接费

（1）规费。

（2）企业管理费。

3. 利润

4. 材料补差

5. 税金

（1）营业税。

（2）城乡维护建设税。

（3）教育费附加（含地方教育费附加）。

二、设备费

由设备原价、运杂费、运输保险费、采购及保管费组成。

（1）设备原价。

（2）运杂费。

（3）运输保险费。

（4）采购及保管费。

三、独立费用

由建设管理费、工程建设监理费、联合试运转费、生产准备费、科研勘测设计费和其他组成。

1. 建设管理费

2. 工程建设监理费

3. 联合试运转费

4. 生产准备费

（1）生产管理单位提前进厂费。

（2）生产职工培训费。

（3）管理用具购置费。

（4）备品备件购置费。

（5）工器具及生产家具购置费。

5. 科研勘测设计费

（1）工程科学研究试验费。

（2）工程勘测设计费。

6. 其他

（1）工程保险费。

（2）其他税费。

四、预备费

1. 基本预备费

2. 价差预备费

五、建设期融资利息

第二节 建筑及安装工程费

建筑及安装工程费由直接费、间接费、利润、材料补差及税金组成。

一、直接费

直接费指建筑安装工程施工过程中直接消耗在工程项目上的活劳动和物化劳动。由基本直接费、其他直接费组成。

基本直接费包括人工费、材料费、施工机械使用费。

其他直接费包括冬雨季施工增加费、夜间施工增加费、特殊地区施工增加费、临时设施费、安全生产措施费和其他。

（一）基本直接费

1. 人工费

人工费指直接从事建筑安装工程施工的生产工人开支的各项费用，内容包括：

（1）基本工资。由岗位工资和年应工作天数内非作业天数的工资组成。

1）岗位工资。指按照职工所在岗位各项劳动要素测评结果确定的工资。

2）生产工人年应工作天数以内非作业天数的工资，包括生产工人开会学习、培训期间的工资，调动工作、探亲、休假期间的工资，因气候影响的停工工资，女工哺乳期间的工资，病假在六个月以内的工资及产、婚、丧假期的工资。

（2）辅助工资。指在基本工资之外，以其他形式支付给生产工人的工资性收入，包括根据国家有关规定属于工资性质的各种津贴，主要包括艰苦边远地区津贴、施工津贴、夜餐津贴、节假日加班津贴等。

2. 材料费

材料费指用于建筑安装工程项目上的消耗性材料、装置性材料和周转性材料摊销费。包括定额工作内容规定应计入的未计价材料和计价材料。

材料预算价格一般包括材料原价、运杂费、运输保险费和采购及保管费四项。

（1）材料原价。指材料指定交货地点的价格。

（2）运杂费。指材料从指定交货地点至工地分仓库或相当于工地分仓库（材料堆放场）所发生的全部费用。包括运输费、装卸费及其他杂费。

（3）运输保险费。指材料在运输途中的保险费。

（4）采购及保管费。指材料在采购、供应和保管过程中所发生的各项费用。主要包括材料的采购、供应和保管部门工作人员的基本工资、辅助工资、职工福利费、劳动保护费、养老保险费、失业保险费、医疗保险费、工伤保险费、生育保险费、住房公积金、教育经费、办公费、差旅交通费及工具用具使用费；仓库、转运站等设施的检修费、固定资产折旧费、技术安全措施费；材料在运输、保管过程中发生的损耗等。

3. 施工机械使用费

施工机械使用费指消耗在建筑安装工程项目上的机械磨损、维修和动力燃料费用等。包括折旧费、修理及替换设备费、安装拆卸费、机上人工费和动力燃料费等。

（1）折旧费。指施工机械在规定使用年限内回收原值的台时折旧摊销费用。

（2）修理及替换设备费。

1）修理费指施工机械使用过程中，为了使机械保持正常功能而进行修理所需的摊销费用和机械正常运转及日常保养所需的润滑油料、擦拭用品的费用，以及保管机械所需的费用。

2）替换设备费指施工机械正常运转时所耗用的替换设备及随机使用的工具附具等摊销费用。

（3）安装拆卸费。指施工机械进出工地的安装、拆卸、试运转和场内转移及辅助设施的摊销费用。部分大型施工机械的安装拆卸不在其施工机械使用费中计列，包含在其他施工临时工程中。

（4）机上人工费。指施工机械使用时机上操作人员人工费用。

（5）动力燃料费。指施工机械正常运转时所耗用的风、水、电、油和煤等费用。

（二）其他直接费

1. 冬雨季施工增加费

冬雨季施工增加费指在冬雨季施工期间为保证工程质量所需增加的费用。包括增加施工工序，增设防雨、保温、排水等设施增耗的动力、燃料、材料以及因人工、机械效率降低而增加的费用。

2. 夜间施工增加费

夜间施工增加费指施工场地和公用施工道路的照明费用。照明线路工程费用包括在"临时设施费"中；施工附属企业系统、加工厂、车间的照明费用，列入相应的产品中，均不包括在本项费用之内。

3. 特殊地区施工增加费

特殊地区施工增加费指在高海拔、原始森林、沙漠等特殊地区施工而增加的费用。

4. 临时设施费

临时设施费指施工企业为进行建筑安装工程施工所必需的但又未被划入施工临时工程的临时建筑物、构筑物和各种临时设施的建设、维修、拆除、摊销等。如：供风、供水（支线）、供电（场内）、照明、供热系统及通信支线，土石料场，简易砂石料加工系统，小型混凝土拌和浇筑系统，木工、钢筋、机修等辅助加工厂，混凝土预制构件厂，场内施工排水，场地平整、道路养护及其他小型临时设施等。

5. 安全生产措施费

安全生产措施费指为保证施工现场安全作业环境及安全施工、文明施工所需要，在工程设计已考虑的安全支护措施之外发生的安全生产、文明施工相关费用。

6. 其他

包括施工工具用具使用费，检验试验费，工程定位复测及施工控制网测设，工程点交、竣工场地清理，工程项目及设备仪表移交生产前的维护费，工程验收检测费等。

（1）施工工具用具使用费。指施工生产所需，但不属于固定资产的生产工具，检验、试验用具等的购置、摊销和维护费。

（2）检验试验费。指对建筑材料、构件和建筑安装物进行一般鉴定、检查所发生的费用，包括自设实验室所耗用的材料和化学药品费用，以及技术革新和研究试验费，不包括新结构、新材料的试验费和建设单位要求对具有出厂合格证明的材料进行试验、对构件进行破坏性试验，以及其他特殊要求检验试验的费用。

（3）工程项目及设备仪表移交生产前的维护费。指竣工验收前对已完工程及设备进行保护所需费用。

（4）工程验收检测费。指工程各级验收阶段为检测工程质量发生的检测费用。

二、间接费

间接费指施工企业为建筑安装工程施工而进行组织与经营管理所发生的各项费用。间接费构成产品成本，由规费和企业管理费组成。

（一）规费

规费指政府和有关部门规定必须缴纳的费用。包括社会保险费和住房公积金。

1．社会保险费

（1）养老保险费。指企业按照规定标准为职工缴纳的基本养老保险费。

（2）失业保险费。指企业按照规定标准为职工缴纳的失业保险费。

（3）医疗保险费。指企业按照规定标准为职工缴纳的基本医疗保险费。

（4）工伤保险费。指企业按照规定标准为职工缴纳的工伤保险费。

（5）生育保险费。指企业按照规定标准为职工缴纳的生育保险费。

2．住房公积金

指企业按照规定标准为职工缴纳的住房公积金。

（二）企业管理费

指施工企业为组织施工生产和经营管理活动所发生的费用。内容包括：

（1）管理人员工资。指管理人员的基本工资、辅助工资。

（2）差旅交通费。指施工企业管理人员因公出差、工作调动的差旅费，误餐补助费，职工探亲路费，劳动力招募费，职工离退休、退职一次性路费，工伤人员就医路费，工地转移费，交通工具运行费及牌照费等。

（3）办公费。指企业办公用文具、印刷、邮电、书报、会议、水电、燃煤（气）等费用。

（4）固定资产使用费。指企业属于固定资产的房屋、设备、仪器等的折旧、大修理、维修费或租赁费等。

（5）工具用具使用费。指企业管理使用不属于固定资产的工具、用具、家具、交通工具和检验、试验、测绘、消防用具等的购置、维修和摊销费。

（6）职工福利费。指企业按照国家规定支出的职工福利费，以及由企业支付离退休职工的易地安家补助费、职工退职金、六个月以上的病假人员工资、按规定支付给离休干部的各项经费。职工发生工伤时企业依法在工伤保险基金之外支付的费用，其他在社会保险基金之外依法由企业支付给职工的费用。

（7）劳动保护费。指企业按照国家有关部门规定标准发放的一般劳动防护用品的购置及修理费、保健费、防暑降温费、高空作业及进洞津贴、技术安全措施以及洗澡用水、饮用水的燃料费等。

（8）工会经费。指企业按职工工资总额计提的工会经费。

（9）职工教育经费。指企业为职工学习先进技术和提高文化水平按职工工资总额计提的费用。

（10）保险费。指企业财产保险、管理用车辆等保险费用，高空、井下、洞内、水下、水上作业等特殊工种安全保险费、危险作业意外伤害保险费等。

（11）财务费用。指施工企业为筹集资金而发生的各项费用，包括企业经营期间发生的短期融资利息净支出、汇兑净损失、金融机构手续费，企业筹集资金发生的其他财务费用，以及投标和承包工程发生的保函手续费等。

（12）税金。指企业按规定交纳的房产税、管理用车辆使用税、印花税等。

（13）其他。包括技术转让费、企业定额测定费、施工企业进退场费、施工企业承担的施工辅助工程设计费、投标报价费、工程图纸资料费及工程摄影费、技术开发费、业务招待费、绿化费、公证费、法律顾问费、审计费、咨询费等。

三、利润

利润指按规定应计入建筑安装工程费用中的利润。

四、材料补差

材料补差指根据主要材料消耗量、主要材料预算价格与材料基价之间的差值，计算的主要材料补差金额。材料基价是指计入基本直接费的主要材料的限制价格。

五、税金

税金指国家对施工企业承担建筑、安装工程作业收入所征收的营业税、城乡维护建设税和教育费附加。

第三节　设　备　费

设备费包括设备原价、运杂费、运输保险费和采购及保管费。

一、设备原价

（1）国产设备。其原价指出厂价。

（2）进口设备。以到岸价和进口征收的税金、手续费、商检费及港口费等各项费用之和为原价。

（3）大型机组及其他大型设备分瓣运至工地后的拼装费用，应包括在设备原价内。

二、运杂费

运杂费指设备由厂家运至工地现场所发生的一切运杂费用。包括运输费、装卸费、包装绑扎费、大型变压器充氮费及可能发生的其他杂费。

三、运输保险费

运输保险费指设备在运输过程中的保险费用。

四、采购及保管费

采购及保管费指建设单位和施工企业在负责设备的采购、保管过程中发生的各项费用。主要包括：

（1）采购保管部门工作人员的基本工资、辅助工资、职工福利费、劳动保护费、养老保险费、失业保险费、医疗保险费、工伤保险费、生育保险费、住房公积金、教育经费、办公费、差旅交通费、工具用具使用费等。

（2）仓库、转运站等设施的运行费、维修费、固定资产折旧费、技术安全措施费和设备的检验、试验费等。

第四节　独立费用

独立费用由建设管理费、工程建设监理费、联合试运转费、生产准备费、科研勘测设计费和其他等六项组成。

一、建设管理费

建设管理费指建设单位在工程项目筹建和建设期间进行管理工作所需的费用。包括建设单位开办费、建设单位人员费、项目管理费三项。

1. 建设单位开办费

建设单位开办费指新组建的工程建设单位，为开展工作所必须购置的办公设施、交通工具等以及其他用于开办工作的费用。

2. 建设单位人员费

建设单位人员费指建设单位从批准组建之日起至完成该工程建设管理任务之日止，需开支的建设单位人员费用。主要包括工作人员的基本工资、辅助工资、职工福利费、劳动保护费、养老保险费、失业保险费、医疗保险费、工伤保险费、生育保险费、住房公积金等。

3. 项目管理费

项目管理费指建设单位从筹建到竣工期间所发生的各种管理费用。包括：

（1）工程建设过程中用于资金筹措、召开董事（股东）会议、视察工程建设所发生的会议和差旅等费用。

（2）工程宣传费。

（3）土地使用税、房产税、印花税、合同公证费。

（4）审计费。

（5）施工期间所需的水情、水文、泥沙、气象监测费和报汛费。

（6）工程验收费。

（7）建设单位人员的教育经费、办公费、差旅交通费、会议费、交通车辆使用费、技术图书资料费、固定资产折旧费、零星固定资产购置费低值易耗品摊销费、工具用具使用费、修理费、水电费、采暖费等。

（8）招标业务费。

（9）经济技术咨询费。包括勘测设计成果咨询、评审费，工程安全鉴定、验收技术鉴定、安全评价相关费用，建设期造价咨询，防洪影响评价、水资源论证、工程场地地震安全性评价、地质灾害危险性评价及其他专项咨询等发生的费用。

（10）公安、消防部门派驻工地补贴费及其他工程管理费用。

二、工程建设监理费

工程建设监理费指建设单位在工程建设过程中委托监理单位，对工程建设的质量、进度、安全和投资进行监理所发生的全部费用。

三、联合试运转费

联合试运转费指水利工程的发电机组、水泵等安装完毕，在竣工验收前，进行整套设备带负荷联合试运转期间所需的各项费用。主要包括联合试运转期间所消耗的燃料、动力、材料及机械使用费，工具用具购置费，施工单位参加联合试运转人员的工资等。

四、生产准备费

生产准备费指水利建设项目的生产、管理单位为准备正常的生产运行或管理发生的费用。包括生产及管理单位提前进厂费、生产职工培训费、管理用具购置费、备品备件购置费和工器具及生产家具购置费。

1. 生产及管理单位提前进厂费

生产及管理单位提前进厂费指在工程完工之前，生产、管理单位一部分工人、技术人员和管理人员提前进厂进行生产筹备工作所需的各项费用。内容包括提前进厂人员的基本工资、辅助工资、职工福利费、劳动保护费、养老保险费、失业保险费、医疗保险费、工伤保险费、生育保险费、住房公积金、教育经费、办公费、差旅交通费、会议费、技术图书资料费、零星固定资产购置费、低值易耗品摊销费、工具用具使用费、修理费、水电费、采暖费等，以及其他属于生产筹建期间应开支的费用。

2. 生产职工培训费

生产职工培训费指生产及管理单位为保证生产、管理工作顺利进行，对工人、技术人员和管理人员进行培训所发生的费用。

3. 管理用具购置费

管理用具购置费指为保证新建项目的正常生产和管理所必须购置的办公和生活用具等费用。包括办公室、会议室、资料档案室、阅览室、文娱室、医务室等公用设施需要配置的家具器具。

4. 备品备件购置费

备品备件购置费指工程在投产运行初期，由于易损件损耗和可能发生的事故，而必须准备的备品备件和专用材料的购置费。不包括设备价格中配备的备品备件。

5. 工器具及生产家具购置费

工器具及生产家具购置费指按设计规定，为保证初期生产正常运行所必须购置的不属于固定资产标准的生产工具、器具、仪表、生产家具等的购置费。不包括设备价格中已包括的专用工具。

五、科研勘测设计费

科研勘测设计费指工程建设所需的科研、勘测和设计等费用。包括工程科学研究试验费和工程勘测设计费。

1. 工程科学研究试验费

工程科学研究试验费指为保障工程质量，解决工程建设技术问题，而进行必要的科学研究试验所需的费用。

2. 工程勘测设计费

工程勘测设计费指工程从项目建议书阶段开始至以后各设计阶段发生的勘测费、设计费和为勘测设计服务的常规科研试验费。不包括工程建设征地移民设计、环境保护设计、水土保持设计各设计阶段发生的勘测设计费。

六、其他

1. 工程保险费

工程保险费指工程建设期间，为使工程能在遭受水灾、火灾等自然灾害和意外事故造成损失后得到经济补偿，而对工程进行投保所发生的保险费用。

2. 其他税费

其他税费指按国家规定应缴纳的与工程建设有关的税费。

第五节　预备费及建设期融资利息

一、预备费

预备费包括基本预备费和价差预备费。

1. 基本预备费

基本预备费主要为解决在工程建设过程中，设计变更和有关技术标准调整增加的投资以及工程遭受一般自然灾害所造成的损失和为预防自然灾害所采取的措施费用。

2. 价差预备费

价差预备费主要为解决在工程建设过程中，因人工工资、材料和设备价格上涨以及费用标准调整而增加的投资。

二、建设期融资利息

根据国家财政金融政策规定，工程在建设期内需偿还并应计入工程总投资的融资利息。

第五章 编制方法及计算标准

第一节 基础单价编制

一、人工预算单价

人工预算单价按表5-1标准计算。

表5-1 人工预算单价计算标准 单位：元/工时

类别与等级	一般地区	一类区	二类区	三类区	四类区	五类区 西藏二类区	六类区 西藏三类区	西藏四类区
枢纽工程								
工 长	11.55	11.80	11.98	12.26	12.76	13.61	14.63	15.40
高级工	10.67	10.92	11.09	11.38	11.88	12.73	13.74	14.51
中级工	8.90	9.15	9.33	9.62	10.12	10.96	11.98	12.75
初级工	6.13	6.38	6.55	6.84	7.34	8.19	9.21	9.98
引水工程								
工 长	9.27	9.47	9.61	9.84	10.24	10.92	11.73	12.11
高级工	8.57	8.77	8.91	9.14	9.54	10.21	11.03	11.40
中级工	6.62	6.82	6.96	7.19	7.59	8.26	9.08	9.45
初级工	4.64	4.84	4.98	5.21	5.61	6.29	7.10	7.47

类别与等级	一般地区	一类区	二类区	三类区	四类区	五类区 西藏二类区	六类区 西藏三类区	西藏四类区
河道工程								
工 长	8.02	8.19	8.31	8.52	8.86	9.46	10.17	10.49
高级工	7.40	7.57	7.70	7.90	8.25	8.84	9.55	9.88
中级工	6.16	6.33	6.46	6.66	7.01	7.60	8.31	8.63
初级工	4.26	4.43	4.55	4.76	5.10	5.70	6.41	6.73

注 1. 艰苦边远地区划分执行人事部、财政部《关于印发〈完善艰苦边远地区津贴制度实施方案〉的通知》(国人部发〔2006〕61号)及各省(自治区、直辖市)关于艰苦边远地区津贴制度实施意见。一至六类地区的类别划分参见附录7,执行时应根据最新文件进行调整。一般地区指附录7之外的地区。

2. 西藏地区的类别执行西藏特殊津贴制度相关文件规定,其二至四类区划分的具体内容见附录8。

3. 跨地区建设项目的人工预算单价可按主要建筑物所在地确定,也可按工程规模或投资比例进行综合确定。

二、材料预算价格

1. 主要材料预算价格

对于用量多、影响工程投资大的主要材料,如钢材、木材、水泥、粉煤灰、油料、火工产品、电缆及母线等,一般需编制材料预算价格。计算公式为

$$材料预算价格=(材料原价+运杂费)×(1+采购及保管费率)+运输保险费$$

(1)材料原价。按工程所在地区就近大型物资供应公司、材料交易中心的市场成交价或设计选定的生产厂家的出厂价计算。

(2)运杂费。铁路运输按铁道部现行《铁路货物运价规则》

及有关规定计算其运杂费。

公路及水路运输，按工程所在省（自治区、直辖市）交通部门现行规定或市场价计算。

（3）运输保险费。按工程所在省（自治区、直辖市）或中国人民保险公司的有关规定计算。

（4）采购及保管费。按材料运到工地仓库的价格（不包括运输保险费）作为计算基数，采购及保管费率见表5-2。

表5-2   采购及保管费率表

序号	材料名称	费率（％）
1	水泥、碎（砾）石、砂、块石	3
2	钢材	2
3	油料	2
4	其他材料	2.5

2. 其他材料预算价格

其他材料预算价格可参考工程所在地区的工业与民用建筑安装工程材料预算价格或信息价格。

3. 材料补差

主要材料预算价格超过表5-3规定的材料基价时，应按基价计入工程单价参与取费，预算价与基价的差值以材料补差形式计算，材料补差列入单价表中并计取税金。

主要材料预算价格低于基价时，按预算价计入工程单价。

计算施工电、风、水价格时，按预算价参与计算。

表5-3   主要材料基价表

序号	材料名称	单位	基价（元）
1	柴油	t	3500
2	汽油	t	3600

序号	材料名称	单位	基价（元）
3	钢　筋	t	3000
4	水　泥	t	300
5	炸　药	t	6000

三、施工电、风、水预算价格

1. 施工用电价格

施工用电价格由基本电价、电能损耗摊销费和供电设施维修摊销费组成，根据施工组织设计确定的供电方式以及不同电源的电量所占比例，按国家或工程所在省（自治区、直辖市）规定的电网电价和规定的加价进行计算。电价计算公式为

电网供电价格＝基本电价÷（1－高压输电线路损耗率）

÷（1－35kV以下变配电设备及配电线路损耗率）

＋供电设施维修摊销费

$$\text{柴油发电机供电价格} \atop \text{（自设水泵供冷却水）} = \frac{\text{柴油发电机组} \atop \text{（台）时总费用} + \text{水泵组（台）} \atop \text{时总费用}}{\text{柴油发电机额} \atop \text{定容量之和}} \times K$$

÷（1－厂用电率）

÷（1－变配电设备及配电线路损耗率）

＋供电设施维修摊销费

柴油发电机供电如采用循环冷却水，不用水泵，电价计算公式为

$$\text{柴油发电机} \atop \text{供电价格} = \frac{\text{柴油发电机组（台）时总费用}}{\text{柴油发电机额定容量之和} \times K} ÷ （1－厂用电率）$$

÷（1－变配电设备及配电线路损耗率）

＋单位循环冷却水费＋供电设施维修摊销费

式中 K——发电机出力系数，一般取 $0.8\sim0.85$；

厂用电率取 $3\%\sim5\%$；

高压输电线路损耗率取 $3\%\sim5\%$；

变配电设备及配电线路损耗率取 $4\%\sim7\%$；

供电设施维修摊销费取 $0.04\sim0.05$ 元/$(kW \cdot h)$；

单位循环冷却水费取 $0.05\sim0.07$ 元/$(kW \cdot h)$。

2. 施工用水价格

施工用水价格由基本水价、供水损耗和供水设施维修摊销费组成，根据施工组织设计所配置的供水系统设备组（台）时总费用和组（台）时总有效供水量计算。水价计算公式为

$$施工用水价格 = \frac{水泵组（台）时总费用}{水泵额定容量之和 \times K} \div (1 - 供水损耗率)$$
$$+ 供水设施维修摊销费$$

式中 K——能量利用系数，取 $0.75\sim0.85$；

供水损耗率取 $6\%\sim10\%$；

供水设施维修摊销费取 $0.04\sim0.05$ 元/m^3。

注：

（1）施工用水为多级提水并中间有分流时，要逐级计算水价。

（2）施工用水有循环用水时，水价要根据施工组织设计的供水工艺流程计算。

3. 施工用风价格

施工用风价格由基本风价、供风损耗和供风设施维修摊销费组成，根据施工组织设计所配置的空气压缩机系统设备组（台）时总费用和组（台）时总有效供风量计算。风价计算公式为

$$施工用风价格 = \frac{空气压缩机组（台）时总费用 + 水泵组（台）时总费用}{空气压缩机额定容量之和 \times 60 分钟 \times K}$$
$$\div (1 - 供风损耗率) + 供风设施维修摊销费$$

空气压缩机系统如采用循环冷却水，不用水泵，则风价计算公式为

$$施工用风价格 = \cfrac{空气压缩机组（台）时总费用}{空气压缩机额定容量之和 \times 60 \text{分钟} \times K} \div（1-供风损耗率）+ 单位循环冷却水费 + 供风设施维修摊销费$$

式中　K——能量利用系数，取 0.70～0.85；

供风损耗率取 6%～10%；

单位循环冷却水费取 0.007 元/m³；

供风设施维修摊销费取 0.004～0.005 元/m³。

四、施工机械使用费

施工机械使用费应根据《水利工程施工机械台时费定额》及有关规定计算。对于定额缺项的施工机械，可补充编制台时费定额。

五、砂石料单价

水利工程砂石料由施工企业自行采备时，砂石料单价应根据料源情况、开采条件和工艺流程进行计算，并计取间接费、利润及税金。

外购砂、碎石（砾石）、块石、料石等材料预算价格超过 70 元/m³ 时，应按基价 70 元/m³ 计入工程单价参加取费，预算价格与基价的差额以材料补差形式进行计算，材料补差列入单价表中并计取税金。

六、混凝土材料单价

根据设计确定的不同工程部位的混凝土强度等级、级配和龄期，分别计算出每立方米混凝土材料单价，计入相应的混凝土工程概算单价内。其混凝土配合比的各项材料用量，应根据工程试验提供的资料计算，若无试验资料时，也可参照《水利建筑工程

概算定额》中附录"混凝土材料配合表"计算。

当采用商品混凝土时，其材料单价应按基价 200 元/m³ 计入工程单价参加取费，预算价格与基价的差额以材料补差形式进行计算，材料补差列入单价表中并计取税金。

第二节　建筑、安装工程单价编制

一、建筑工程单价

1. 直接费

（1）基本直接费。

人工费＝定额劳动量（工时）×人工预算单价（元/工时）

材料费＝定额材料用量×材料预算单价

机械使用费＝定额机械使用量（台时）×施工机械台时费（元/台时）

（2）其他直接费。

其他直接费＝基本直接费×其他直接费费率之和

2. 间接费

间接费＝直接费×间接费费率

3. 利润

利润＝（直接费＋间接费）×利润率

4. 材料补差

材料补差＝（材料预算价格－材料基价）×材料消耗量

5. 税金

税金＝（直接费＋间接费＋利润＋材料补差）×税率

6. 建筑工程单价

建筑工程单价＝直接费＋间接费＋利润＋材料补差＋税金

（注：建筑工程单价含有未计价材料（如输水管道）时，其格式参照安装工程单价。）

二、安装工程单价

（一）实物量形式的安装单价

1. 直接费

（1）基本直接费。

人工费＝定额劳动量（工时）×人工预算单价（元/工时）

材料费＝定额材料用量×材料预算单价

机械使用费＝定额机械使用量（台时）×施工机械台时费（元/台时）

（2）其他直接费。

其他直接费＝基本直接费×其他直接费费率之和

2. 间接费

间接费＝人工费×间接费费率

3. 利润

利润＝（直接费＋间接费）×利润率

4. 材料补差

材料补差＝（材料预算价格－材料基价）×材料消耗量

5. 未计价装置性材料费

未计价装置性材料费＝未计价装置性材料用量×材料预算单价

6. 税金

税金＝（直接费＋间接费＋利润＋材料补差＋未计价装置性材料费）×税率

7. 安装工程单价

单价＝直接费＋间接费＋利润＋材料补差＋未计价装置性材料费＋税金

（二）费率形式的安装单价

1. 直接费（％）

（1）基本直接费（％）。

人工费(％)＝定额人工费(％)

材料费(％)＝定额材料费(％)

装置性材料费(％)＝定额装置性材料费(％)

机械使用费(％)＝定额机械使用费(％)

（2）其他直接费（％）。

其他直接费(％)＝基本直接费(％)×其他直接费费率之和(％)

2. 间接费（％）

间接费(％)＝人工费(％)×间接费费率(％)

3. 利润（％）

利润(％)＝[直接费(％)＋间接费(％)]×利润率(％)

4. 税金（％）

税金(％)＝[直接费(％)＋间接费(％)＋利润(％)]×税率(％)

5. 安装工程单价

单价(％)＝直接费(％)＋间接费(％)＋利润(％)＋税金(％)
单价＝单价(％)×设备原价

三、其他直接费

1. 冬雨季施工增加费

根据不同地区，按基本直接费的百分率计算。

西南区、中南区、华东区	0.5%～1.0%
华北区	1.0%～2.0%
西北区、东北区	2.0%～4.0%
西藏自治区	2.0%～4.0%

西南区、中南区、华东区中，按规定不计冬季施工增加费的地区取小值，计算冬季施工增加费的地区可取大值；华北区中，内蒙古等较严寒地区可取大值，其他地区取中值或小值；西北区、东北区中，陕西、甘肃等省取小值，其他地区可取中值或大值。各地区包括的省（自治区、直辖市）如下：

（1）华北地区：北京、天津、河北、山西、内蒙古等5个省（自治区、直辖市）。

（2）东北地区：辽宁、吉林、黑龙江等3个省。

（3）华东地区：上海、江苏、浙江、安徽、福建、江西、山东等7个省（直辖市）。

（4）中南地区：河南、湖北、湖南、广东、广西、海南等6个省（自治区）。

（5）西南地区：重庆、四川、贵州、云南等4个省（直辖市）。

（6）西北地区：陕西、甘肃、青海、宁夏、新疆等5个省（自治区）。

2. 夜间施工增加费

按基本直接费的百分率计算。

（1）枢纽工程：建筑工程0.5%，安装工程0.7%。

（2）引水工程：建筑工程0.3%，安装工程0.6%。

（3）河道工程：建筑工程0.3%，安装工程0.5%。

3. 特殊地区施工增加费

特殊地区施工增加费指在高海拔、原始森林、沙漠等特殊地区施工而增加的费用，其中高海拔地区施工增加费已计入定额，其他特殊增加费应按工程所在地区规定标准计算，地方没有规定的不得计算此项费用。

4. 临时设施费

按基本直接费的百分率计算。

（1）枢纽工程：建筑及安装工程 3.0%。

（2）引水工程：建筑及安装工程 1.8%～2.8%。若工程自采加工人工砂石料，费率取上限；若工程自采加工天然砂石料，费率取中值；若工程采用外购砂石料，费率取下限。

（3）河道工程：建筑及安装工程 1.5%～1.7%。灌溉田间工程取下限，其他工程取中上限。

5. 安全生产措施费

按基本直接费的百分率计算。

（1）枢纽工程：建筑及安装工程 2.0%。

（2）引水工程：建筑及安装工程 1.4%～1.8%。一般取下限标准，隧洞、渡槽等大型建筑物较多的引水工程、施工条件复杂的引水工程取上限标准。

（3）河道工程：建筑及安装工程 1.2%。

6. 其他

按基本直接费的百分率计算。

（1）枢纽工程：建筑工程 1.0%，安装工程 1.5%。

（2）引水工程：建筑工程 0.6%，安装工程 1.1%。

（3）河道工程：建筑工程 0.5%，安装工程 1.0%。

特别说明：

（1）砂石备料工程其他直接费费率取 0.5%。

（2）掘进机施工隧洞工程其他直接费取费费率执行以下规定：土石方类工程、钻孔灌浆及锚固类工程，其他直接费费率为 2%～3%；掘进机由建设单位采购、设备费单独列项时，台时费中不计折旧费，土石方类工程、钻孔灌浆及锚固类工程其他直接费费率为 4%～5%。敞开式掘进机费率取低值，其他掘进机取高值。

四、间接费

根据工程性质不同，间接费标准划分为枢纽工程、引水工程、河道工程三部分标准（表 5－4）。

表 5－4　　　　　　　　　间接费费率表

序号	工程类别	计算基础	间接费费率（%）		
			枢纽工程	引水工程	河道工程
一	建筑工程				
1	土方工程	直接费	7	4～5	3～4
2	石方工程	直接费	11	9～10	7～8
3	砂石备料工程（自采）	直接费	4	4	4
4	模板工程	直接费	8	6～7	5～6
5	混凝土浇筑工程	直接费	8	7～8	6～7
6	钢筋制安工程	直接费	5	4	4
7	钻孔灌浆工程	直接费	9	8～9	8
8	锚固工程	直接费	9	8～9	8
9	疏浚工程	直接费	6	6	5～6
10	掘进机施工隧洞工程（1）	直接费	3	3	3
11	掘进机施工隧洞工程（2）	直接费	5	5	5
12	其他工程	直接费	9	7～8	6
二	机电、金属结构设备安装工程	人工费	75	70	70

引水工程：一般取下限标准，隧洞、渡槽等大型建筑物较多的引水工程、施工条件复杂的引水工程取上限标准。

河道工程：灌溉田间工程取下限，其他工程取上限。

工程类别划分说明：

（1）土方工程。包括土方开挖与填筑等。

（2）石方工程。包括石方开挖与填筑、砌石、抛石工程等。

（3）砂石备料工程。包括天然砂砾料和人工砂石料的开采加工。

（4）模板工程。包括现浇各种混凝土时制作及安装的各类模板工程。

（5）混凝土浇筑工程。包括现浇和预制各种混凝土、伸缩缝、止水、防水层、温控措施等。

（6）钢筋制安工程。包括钢筋制作与安装工程等。

（7）钻孔灌浆工程。包括各种类型的钻孔灌浆、防渗墙、灌注桩工程等。

（8）锚固工程。包括喷混凝土（浆）、锚杆、预应力锚索（筋）工程等。

（9）疏浚工程。指用挖泥船、水力冲挖机组等机械疏浚江河、湖泊的工程。

（10）掘进机施工隧洞工程（1）。包括掘进机施工土石方类工程、钻孔灌浆及锚固类工程等。

（11）掘进机施工隧洞工程（2）。指掘进机设备单独列项采购并且在台时费中不计折旧费的土石方类工程、钻孔灌浆及锚固类工程等。

（12）其他工程。指除表中所列 11 类工程以外的其他工程。

五、利润

利润按直接费和间接费之和的 7％计算。

六、税金

为了计算简便，在编制概算时，可按下列公式和税率计算：

税金＝（直接费＋间接费＋利润＋材料补差）×计算税率

（注：若建筑、安装工程中含未计价装置性材料费，则计算税金时应计入未计价装置性材料费。）

$$计算税率 = \cfrac{1}{1 - 营业税税率 \times \left(1 + \cfrac{城乡维护}{建设税税率} + \cfrac{教育费}{附加税率}\right)} - 1$$

现行计算税率标准如下：

建设项目在市区的   3.48%

建设项目在县城镇的   3.41%

建设项目在市区或县城镇以外的   3.28%

国家对税率标准调整时，可以相应调整计算标准。

第三节　分部工程概算编制

第一部分　建　筑　工　程

建筑工程按主体建筑工程、交通工程、房屋建筑工程、供电设施工程、其他建筑工程分别采用不同的方法编制。

一、主体建筑工程

（1）主体建筑工程概算按设计工程量乘以工程单价进行编制。

（2）主体建筑工程量应遵照《水利水电工程设计工程量计算规定》，按项目划分要求，计算到三级项目。

（3）当设计对混凝土施工有温控要求时，应根据温控措施设计，计算温控措施费用，也可以经过分析确定指标后，按建筑物混凝土方量进行计算。

（4）细部结构工程。参照水工建筑工程细部结构指标表确定，见表 5 - 5。

表 5－5　　　　　　水工建筑工程细部结构指标表

项目名称	混凝土重力坝、重力拱坝、宽缝重力坝、支墩坝	混凝土双曲拱坝	土坝、堆石坝	水闸	冲沙闸、泄洪闸
单位	元/m³（坝体方）			元/m³（混凝土）	
综合指标	16.2	17.2	1.15	48	42
项目名称	进水口、进水塔	溢洪道	隧洞	竖井、调压井	高压管道
单位	元/m³（混凝土）				
综合指标	19	18.1	15.3	19	4
项目名称	电（泵）站地面厂房	电（泵）站地下厂房	船闸	倒虹吸、暗渠	渡槽	明渠（衬砌）
单位	元/m³（混凝土）					
综合指标	37	57	30	17.7	54	8.45

注　1. 表中综合指标包括多孔混凝土排水管、廊道木模制作与安装、止水工程（面板坝除外）、伸缩缝工程、接缝灌浆管路、冷却水管路、栏杆、照明工程、爬梯、通气管道、排水工程、排水渗井钻孔及反滤料、坝坡踏步、孔洞钢盖板、厂房内上下水工程、防潮层、建筑钢材及其他细部结构工程。

　　　2. 表中综合指标仅包括基本直接费内容。

　　　3. 改扩建及加固工程根据设计确定细部结构工程的工程量。其他工程，如果工程设计能够确定细部结构工程的工程量，可按设计工程量乘以工程单价进行计算，不再按表5－5指标计算。

二、交通工程

　　交通工程投资按设计工程量乘以单价进行计算，也可根据工程所在地区造价指标或有关实际资料，采用扩大单位指标编制。

三、房屋建筑工程

1. 永久房屋建筑

　　（1）用于生产、办公的房屋建筑面积，由设计单位按有关规定结合工程规模确定，单位造价指标根据当地相应建筑造价水平确定。

（2）值班宿舍及文化福利建筑的投资按主体建筑工程投资的百分率计算。

枢纽工程

投资≤50000 万元	1.0%～1.5%
50000 万元＜投资≤100000 万元	0.8%～1.0%
投资＞100000 万元	0.5%～0.8%
引水工程	0.4%～0.6%
河道工程	0.4%

（注：投资小或工程位置偏远者取大值，反之取小值。）

（3）除险加固工程（含枢纽、引水、河道工程）、灌溉田间工程的永久房屋建筑面积由设计单位根据有关规定结合工程建设需要确定。

2. 室外工程投资

一般按房屋建筑工程投资的 15%～20% 计算。

四、供电设施工程

供电设施工程根据设计的电压等级、线路架设长度及所需配备的变配电设施要求，采用工程所在地区造价指标或有关实际资料计算。

五、其他建筑工程

（1）安全监测设施工程，指属于建筑工程性质的内外部观测设施。安全监测工程项目投资应按设计资料计算。如无设计资料时，可根据坝型或其他工程型式，按照主体建筑工程投资的百分率计算。

当地材料坝	0.9%～1.1%
混凝土坝	1.1%～1.3%

引水式电站（引水建筑物）　　1.1%～1.3%

堤防工程　　　　　　　　　　0.2%～0.3%

（2）照明线路、通信线路等三项工程投资按设计工程量乘以单价或采用扩大单位指标编制。

（3）其余各项按设计要求分析计算。

第二部分　机电设备及安装工程

机电设备及安装工程投资由设备费和安装工程费两部分组成。

一、设备费

设备费包括设备原价、运杂费、运输保险费和采购保管费。

1. 设备原价

以出厂价或设计单位分析论证后的询价为设备原价。

2. 运杂费

运杂费分主要设备运杂费和其他设备运杂费，均按占设备原价的百分率计算。

（1）主要设备运杂费费率，见表5-6。

表5-6　　　　　　主要设备运杂费费率表（%）

设备分类		铁路		公路		公路直达基本费率
		基本运距1000km	每增运500km	基本运距100km	每增运20km	
水轮发电机组		2.21	0.30	1.06	0.15	1.01
主阀、桥机		2.99	0.50	1.85	0.20	1.33
主变压器	120000kVA及以上	3.50	0.40	2.80	0.30	1.20
	120000kVA以下	2.97	0.40	0.92	0.15	1.20

设备由铁路直达或铁路、公路联运时，分别按里程求得费率

后叠加计算；如果设备由公路直达，应按公路里程计算费率后，再加公路直达基本费率。

（2）其他设备运杂费费率，见表5-7。

表5-7　　　　　　其他设备运杂费费率表（%）

类别	适　用　地　区	费率
Ⅰ	北京、天津、上海、江苏、浙江、江西、安徽、湖北、湖南、河南、广东、山西、山东、河北、陕西、辽宁、吉林、黑龙江等省（直辖市）	3～5
Ⅱ	甘肃、云南、贵州、广西、四川、重庆、福建、海南、宁夏、内蒙古、青海等省（自治区、直辖市）	5～7

工程地点距铁路线近者费率取小值，远者取大值。新疆、西藏地区的设备运杂费率可视具体情况另行确定。

3. 运输保险费

按有关规定计算。

4. 采购及保管费

按设备原价、运杂费之和的0.7%计算。

5. 运杂综合费率

运杂综合费率＝运杂费费率＋（1＋运杂费费率）×采购及保管费费率
＋运输保险费费率

上述运杂综合费率，适用于计算国产设备运杂费。进口设备的国内段运杂综合费率，按国产设备运杂综合费率乘以相应国产设备原价占进口设备原价的比例系数进行计算（即按相应国产设备价格计算运杂综合费率）。

6. 交通工具购置费

交通工具购置费指工程竣工后，为保证建设项目初期生产管理单位正常运行必须配备的车辆和船只所产生的费用。

交通设备数量应由设计单位按有关规定、结合工程规模确定，设备价格根据市场情况、结合国家有关政策确定。

无设计资料时，可按表5-8方法计算。除高原、沙漠地区外，不得用于购置进口、豪华车辆。灌溉田间工程不计此项费用。

计算方法：以第一部分建筑工程投资为基数，按表5-8的费率，以超额累进方法计算。

表5-8 交通工具购置费费率表

第一部分建筑工程投资（万元）	费率（%）	辅助参数（万元）
10000 及以内	0.50	0
10000～50000	0.25	25
50000～100000	0.10	100
100000～200000	0.06	140
200000～500000	0.04	180
500000 以上	0.02	280

简化计算公式为：第一部分建筑工程投资×该档费率＋辅助参数。

二、安装工程费

安装工程投资按设备数量乘以安装单价进行计算。

第三部分　金属结构设备及安装工程

编制方法同第二部分机电设备及安装工程。

第四部分　施工临时工程

一、导流工程

导流工程按设计工程量乘以工程单价进行计算。

二、施工交通工程

施工交通工程按设计工程量乘以工程单价进行计算，也可根据工程所在地区造价指标或有关实际资料，采用扩大单位指标编制。

三、施工场外供电工程

根据设计的电压等级、线路架设长度及所需配备的变配电设施要求，采用工程所在地区造价指标或有关实际资料计算。

四、施工房屋建筑工程

施工房屋建筑工程包括施工仓库和办公、生活及文化福利建筑两部分。施工仓库，指为工程施工而临时兴建的设备、材料、工器具等仓库；办公、生活及文化福利建筑，指施工单位、建设单位、监理单位及设计代表在工程建设期所需的办公用房、宿舍、招待所和其他文化福利设施等房屋建筑工程。

不包括列入临时设施和其他施工临时工程项目内的电、风、水、通信系统，砂石料系统，混凝土拌和及浇筑系统，木工、钢筋、机修等辅助加工厂，混凝土预制构件厂，混凝土制冷、供热系统，施工排水等生产用房。

1. 施工仓库

建筑面积由施工组织设计确定，单位造价指标根据当地相应建筑造价水平确定。

2. 办公、生活及文化福利建筑

（1）枢纽工程，按下列公式计算：

$$I = \frac{A \times U \times P}{N \times L} \times K_1 \times K_2 \times K_3$$

式中　I——房屋建筑工程投资；

A——建安工作量，按工程一至四部分建安工作量（不包括办公用房、生活及文化福利建筑和其他施工临时工程）之和乘以（1＋其他施工临时工程百分率）计算；

U——人均建筑面积综合指标，按 12～15m²/人标准计算；

P——单位造价指标，参考工程所在地的永久房屋造价指标（元/m²）计算；

N——施工年限，按施工组织设计确定的合理工期计算；

L——全员劳动生产率，一般按 80000～120000 元/（人·年）；施工机械化程度高取大值，反之取小值；采用掘进机施工为主的工程全员劳动生产率应适当提高；

K_1——施工高峰人数调整系数，取 1.10；

K_2——室外工程系数，取 1.10～1.15，地形条件差的可取大值，反之取小值；

K_3——单位造价指标调整系数，按不同施工年限，采用表 5-9 中的调整系数。

表 5-9　　　　　　单位造价指标调整系数表

工期	系数	工期	系数
2 年以内	0.25	5～8 年	0.70
2～3 年	0.40	8～11 年	0.80
3～5 年	0.55		

（2）引水工程按一至四部分建安工作量的百分率计算（表 5-10）。

表 5-10　　　　　　引水工程施工房屋建筑工程费率表

工期	百分率	工期	百分率
≤3 年	1.5%～2.0%	＞3 年	1.0%～1.5%

一般引水工程取中上限，大型引水工程取下限。

掘进机施工隧洞工程按表中费率乘 0.5 调整系数。

（3）河道工程按一至四部分建安工作量的百分率计算（表 5 - 11）。

表 5 - 11　　　　　　　河道工程施工房屋建筑工程费率表

工期	百分率	工期	百分率
≤3 年	1.5%～2.0%	>3 年	1.0%～1.5%

五、其他施工临时工程

按工程一至四部分建安工作量（不包括其他施工临时工程）之和的百分率计算。

（1）枢纽工程为 3.0%～4.0%。

（2）引水工程为 2.5%～3.0%。一般引水工程取下限，隧洞、渡槽等大型建筑物较多的引水工程、施工条件复杂的引水工程取上限。

（3）河道工程为 0.5%～1.5%。灌溉田间工程取下限，建筑物较多、施工排水量大或施工条件复杂的河道工程取上限。

第五部分　独立费用

一、建设管理费

（一）枢纽工程

枢纽工程建设管理费以一至四部分建安工作量为计算基数，按表 5 - 12 所列费率，以超额累进方法计算。

表 5 - 12   **枢纽工程建设管理费费率表**

一至四部分建安工作量（万元）	费率（%）	辅助参数（万元）
50000 及以内	4.5	0
50000～100000	3.5	500
100000～200000	2.5	1500
200000～500000	1.8	2900
500000 以上	0.6	8900

简化计算公式为：一至四部分建安工作量×该档费率＋辅助参数（下同）。

（二）引水工程

引水工程建设管理费以一至四部分建安工作量为计算基数，按表 5 - 13 所列费率，以超额累进方法计算。原则上应按整体工程投资统一计算，工程规模较大时可分段计算。

表 5 - 13   **引水工程建设管理费费率表**

一至四部分建安工作量（万元）	费率（%）	辅助参数（万元）
50000 及以内	4.2	0
50000～100000	3.1	550
100000～200000	2.2	1450
200000～500000	1.6	2650
500000 以上	0.5	8150

（三）河道工程

河道工程建设管理费以一至四部分建安工作量为计算基数，按表 5 - 14 所列费率，以超额累进方法计算。原则上应按整体工程投资统一计算，工程规模较大时可分段计算。

表 5 - 14　　　　　河道工程建设管理费费率表

一至四部分建安工作量（万元）	费率（%）	辅助参数（万元）
10000 及以内	3.5	0
10000～50000	2.4	110
50000～100000	1.7	460
100000～200000	0.9	1260
200000～500000	0.4	2260
500000 以上	0.2	3260

二、工程建设监理费

按照国家发展改革委发改价格〔2007〕670 号文颁发的《建设工程监理与相关服务收费管理规定》及其他相关规定执行。

三、联合试运转费

费用指标见表 5 - 15。

表 5 - 15　　　　　联合试运转费用指标表

水电站 工程	单机容量（万 kW）	≤1	≤2	≤3	≤4	≤5	≤6	≤10	≤20	≤30	≤40	>40
	费用（万元/台）	6	8	10	12	14	16	18	22	24	32	44
泵站工程	电力泵站	50～60 元每千瓦										

四、生产准备费

1. 生产及管理单位提前进厂费

（1）枢纽工程按一至四部分建安工程量的 0.15%～0.35% 计算，大（1）型工程取小值，大（2）型工程取大值。

（2）引水工程视工程规模参照枢纽工程计算。

（3）河道工程、除险加固工程、田间工程原则上不计此项费用。若工程含有新建大型泵站、泄洪闸、船闸等建筑物时，按建筑物投资参照枢纽工程计算。

2. 生产职工培训费

按一至四部分建安工作量的 0.35%～0.55%计算。枢纽工程、引水工程取中上限，河道工程取下限。

3. 管理用具购置费

（1）枢纽工程按一至四部分建安工作量的 0.04%～0.06%计算，大（1）型工程取小值，大（2）型工程取大值。

（2）引水工程按建安工作量的 0.03%计算。

（3）河道工程按建安工作量的 0.02%计算。

4. 备品备件购置费

按占设备费的 0.4%～0.6%计算。大（1）型工程取下限，其他工程取中、上限。

注：

（1）设备费应包括机电设备、金属结构设备以及运杂费等全部设备费。

（2）电站、泵站同容量、同型号机组超过一台时，只计算一台的设备费。

5. 工器具及生产家具购置费

按占设备费的 0.1%～0.2%计算。枢纽工程取下限，其他工程取中、上限。

五、科研勘测设计费

1. 工程科学研究试验费

按工程建安工作量的百分率计算。其中：枢纽和引水工程取

0.7%；河道工程取 0.3%。

灌溉田间工程一般不计此项费用。

2. 工程勘测设计费

项目建议书、可行性研究阶段的勘测设计费及报告编制费：执行国家发展改革委发改价格〔2006〕1352 号文颁布的《水利、水电工程建设项目前期工作工程勘察收费标准》和原国家计委计价格〔1999〕1283 号文颁布的《建设项目前期工作咨询收费暂行规定》。

初步设计、招标设计及施工图设计阶段的勘测设计费：执行原国家计委、建设部计价格〔2002〕10 号文颁布的《工程勘察设计收费标准》。

应根据所完成的相应勘测设计工作阶段确定工程勘测设计费，未发生的工作阶段不计相应阶段勘测设计费。

六、其他

1. 工程保险费

按工程一至四部分投资合计的 4.5‰～5.0‰计算，田间工程原则上不计此项费用。

2. 其他税费

按国家有关规定计取。

第四节 分年度投资及资金流量

一、分年度投资

分年度投资是根据施工组织设计确定的施工进度和合理工期而计算出的工程各年度预计完成的投资额。

1. 建筑工程

（1）建筑工程分年度投资表应根据施工进度的安排，对主要工程按各单项工程分年度完成的工程量和相应的工程单价计算。对于次要的和其他工程，可根据施工进度，按各年所占完成投资的比例，摊入分年度投资表。

（2）建筑工程分年度投资的编制可视不同情况按项目划分列至一级项目或二级项目，分别反映各自的建筑工程量。

2. 设备及安装工程

设备及安装工程分年度投资应根据施工组织设计确定的设备安装进度计算各年预计完成的设备费和安装费。

3. 费用

根据费用的性质和费用发生的时段，按相应年度分别进行计算。

二、资金流量

资金流量是为满足工程项目在建设过程中各时段的资金需求，按工程建设所需资金投入时间计算的各年度使用的资金量。资金流量表的编制以分年度投资表为依据，按建筑安装工程、永久设备购置费和独立费用三种类型分别计算。本资金流量计算办法主要用于初步设计概算。

1. 建筑及安装工程资金流量

（1）建筑工程可根据分年度投资表的项目划分，以各年度建筑工作量作为计算资金流量的依据。

（2）资金流量是在原分年度投资的基础上，考虑预付款、预付款的扣回、保留金和保留金的偿还等编制出的分年度资金安排。

（3）预付款一般可划分为工程预付款和工程材料预付款两部分。

1）工程预付款按划分的单个工程项目的建安工作量的10%～20%计算，工期在3年以内的工程全部安排在第一年，工期在3年以上的可安排在前两年。工程预付款的扣回从完成建安工作量的30%起开始，按完成建安工作量的20%～30%扣回至预付款全部回收完毕为止。

对于需要购置特殊施工机械设备或施工难度较大的项目，工程预付款可取大值，其他项目取中值或小值。

2）工程材料预付款。水利工程一般规模较大，所需材料的种类及数量较多，提前备料所需资金较大，因此考虑向施工企业支付一定数量的材料预付款。可按分年度投资中次年完成建安工作量的20%在本年提前支付，并于次年扣回，以此类推，直至本项目竣工。

（4）保留金。水利工程的保留金，按建安工作量的2.5%计算。在计算概算资金流量时，按分项工程分年度完成建安工作量的5%扣留至该项工程全部建安工作量的2.5%时终止（即完成建安工作量的50%时），并将所扣的保留金100%计入该项工程终止后一年（如该年已超出总工期，则此项保留金计入工程的最后一年）的资金流量表内。

2. 永久设备购置费资金流量

永久设备购置费资金流量计算，划分为主要设备和一般设备两种类型分别计算。

（1）主要设备的资金流量计算。主要设备为水轮发电机组、大型水泵、大型电机、主阀、主变压器、桥机、门机、高压断路器或高压组合电器、金属结构闸门启闭设备等。按设备到货周期确定各年资金流量比例，具体比例见表5-16。

表5-16　　　　　　　　主要设备资金流量比例表

年份 到货周期	第1年	第2年	第3年	第4年	第5年	第6年
1年	15%	75%①	10%			
2年	15%	25%	50%①	10%		
3年	15%	25%	10%	40%①	10%	
4年	15%	25%	10%	10%	30%①	10%

① 数据的年份为设备到货年份。

（2）其他设备。其资金流量按到货前一年预付 15％定金，到货年支付 85％的剩余价款。

3. 独立费用资金流量

独立费用资金流量主要是勘测设计费的支付方式应考虑质量保证金的要求，其他项目则均按分年投资表中的资金安排计算。

（1）可行性研究和初步设计阶段的勘测设计费按合理工期分年平均计算。

（2）施工图设计阶段勘测设计费的 95％按合理工期分年平均计算，其余 5％的勘测设计费用作为设计保证金，计入最后一年的资金流量表内。

第五节　总概算编制

一、预备费

1. 基本预备费

计算方法：根据工程规模、施工年限和地质条件等不同情况，按工程一至五部分投资合计（依据分年度投资表）的百分率计算。

初步设计阶段为 5.0％～8.0％。

技术复杂、建设难度大的工程项目取大值，其他工程取中小值。

2. 价差预备费

计算方法：根据施工年限，以资金流量表的静态投资为计算基数。

按有关部门适时发布的年物价指数计算。计算公式为

$$E = \sum_{n=1}^{N} F_n [(1+P)^n - 1]$$

式中 E——价差预备费；

     N——合理建设工期；

     n——施工年度；

     F_n——建设期间资金流量表内第 n 年的投资；

     P——年物价指数。

二、建设期融资利息

计算公式为

$$S = \sum_{n=1}^{N} \left[\left(\sum_{m=1}^{n} F_m b_m - \frac{1}{2} F_n b_n \right) + \sum_{m=0}^{n-1} S_m \right] i$$

式中 S——建设期融资利息；

     N——合理建设工期；

     n——施工年度；

     m——还息年度；

F_n、F_m——在建设期资金流量表内第 n、m 年的投资；

b_n、b_m——各施工年份融资额占当年投资比例；

     i——建设期融资利率；

     S_m——第 m 年的付息额度。

三、静态总投资

一至五部分投资与基本预备费之和构成工程部分静态投资。编制工程部分总概算表时，在第五部分独立费用之后，应顺序计列以下项目：

（1）一至五部分投资合计。

（2）基本预备费。

（3）静态投资。

工程部分、建设征地移民补偿、环境保护工程、水土保持工程的静态投资之和构成静态总投资。

四、总投资

静态总投资、价差预备费、建设期融资利息之和构成总投资。

编制工程概算总表时，在工程投资总计中应顺序计列以下项目：

（1）静态总投资（汇总各部分静态投资）。

（2）价差预备费。

（3）建设期融资利息。

（4）总投资。

第六章　概　算　表　格

一、工程概算总表

工程概算总表由工程部分的总概算表与建设征地移民补偿、环境保护工程、水土保持工程的总概算表汇总并计算而成。表中：

Ⅰ为工程部分总概算表，按项目划分的五部分填表并列示至一级项目。

Ⅱ为建设征地移民补偿总概算表，列示至一级项目。

Ⅲ为环境保护工程总概算表。

Ⅳ为水土保持工程总概算表。

Ⅴ包括静态总投资（Ⅰ～Ⅳ项静态投资合计）、价差预备费、建设期融资利息、总投资。

表一　　　　　　　　工程概算总表　　　　　单位：万元

序号	工程或费用名称	建安工程费	设备购置费	独立费用	合计
Ⅰ	工程部分投资 第一部分　建筑工程 …… 第二部分　机电设备及安装工程 …… 第三部分　金属结构设备及安装工程 …… 第四部分　施工临时工程 …… 第五部分　独立费用 …… 一至五部分投资合计 基本预备费 静态投资				

序号	工程或费用名称	建 安工程费	设 备购置费	独立费用	合计
Ⅱ	建设征地移民补偿投资				
一	农村部分补偿费				
二	城（集）镇部分补偿费				
三	工业企业补偿费				
四	专业项目补偿费				
五	防护工程费				
六	库底清理费				
七	其他费用				
	一至七项小计				
	基本预备费				
	有关税费				
	静态投资				
Ⅲ	环境保护工程投资				
	静态投资				
Ⅳ	水土保持工程投资				
	静态投资				
Ⅴ	工程投资总计（Ⅰ～Ⅳ合计）				
	静态总投资				
	价差预备费				
	建设期融资利息				
	总投资				

二、工程部分概算表

工程部分概算表包括工程部分总概算表、建筑工程概算表、设备及安装工程概算表、分年度投资表、资金流量表。

1. 工程部分总概算表

按项目划分的五部分填表并列示至一级项目。五部分之后的内容为：一至五部分投资合计、基本预备费、静态投资。

表二   **工程部分总概算表**   单位：万元

序号	工程或费用名称	建安工程费	设备购置费	独立费用	合计	占一至五部分投资比例（%）
	各部分投资					
	一至五部分投资合计					
	基本预备费					
	静态投资					

2. 建筑工程概算表

按项目划分列示至三级项目。

本表适用于编制建筑工程概算、施工临时工程概算和独立费用概算。

表三   **建筑工程概算表**

序号	工程或费用名称	单位	数量	单价（元）	合计（万元）

3. 设备及安装工程概算表

按项目划分列示至三级项目。

本表适用于编制机电和金属结构设备及安装工程概算。

表四   **设备及安装工程概算表**

序号	名称及规格	单位	数量	单价（元）		合计（万元）	
				设备费	安装费	设备费	安装费

4. 分年度投资表

按下表编制分年度投资表，可视不同情况按项目划分列示至一级项目或二级项目。

表五 　　　　　　　　　分 年 度 投 资 表　　　　　　　　　单位：万元

序号	项　　目	合计	建设工期（年）					
			1	2	3	4	5	6　……
Ⅰ	工程部分投资							
一	建筑工程							
1	建筑工程							
	×××工程（一级项目）							
2	施工临时工程							
	×××工程（一级项目）							
二	安装工程							
1	机电设备安装工程							
	×××工程（一级项目）							
2	金属结构设备安装工程							
	×××工程（一级项目）							
三	设备购置费							
1	机电设备							
	×××设备							
2	金属结构设备							
	×××设备							
四	独立费用							
1	建设管理费							
2	工程建设监理费							
3	联合试运转费							
4	生产准备费							
5	科研勘测设计费							
6	其他							
	一至四项合计							

序号	项　目	合计	建设工期（年）						
			1	2	3	4	5	6	……
	基本预备费								
	静态投资								
Ⅱ	建设征地移民补偿投资								
	……								
	静态投资								
Ⅲ	环境保护工程投资								
	……								
	静态投资								
Ⅳ	水土保持工程投资								
	……								
	静态投资								
Ⅴ	工程投资总计（Ⅰ～Ⅳ合计）								
	静态总投资								
	价差预备费								
	建设期融资利息								
	总投资								

5. 资金流量表

需要编制资金流量表的项目可按下表编制。

可视不同情况按项目划分列示至一级项目或二级项目。项目排列方法同分年度投资表。资金流量表应汇总征地移民、环境保护、水土保持部分投资，并计算总投资。资金流量表是资金流量计算表的成果汇总。

表六			资 金 流 量 表						单位：万元	

序号	项　目	合计	建设工期（年）						
			1	2	3	4	5	6	……
Ⅰ	工程部分投资								
一	建筑工程								
（一）	建筑工程								
	×××工程（一级项目）								
（二）	施工临时工程								
	×××工程（一级项目）								
二	安装工程								
（一）	机电设备安装工程								
	×××工程（一级项目）								
（二）	金属结构设备安装工程								
	×××工程（一级项目）								
三	设备购置费								
	……								
四	独立费用								
	……								
	一至四项合计								
	基本预备费								
	静态投资								
Ⅱ	建设征地移民补偿投资								
	……								
	静态投资								

序号	项　目	合计	建设工期（年）						
			1	2	3	4	5	6	……
Ⅲ	环境保护工程投资								
	……								
	静态投资								
Ⅳ	水土保持工程投资								
	……								
	静态投资								
Ⅴ	工程投资总计（Ⅰ～Ⅳ合计）								
	静态总投资								
	价差预备费								
	建设期融资利息								
	总投资								

三、工程部分概算附表

工程部分概算附表包括建筑工程单价汇总表、安装工程单价汇总表、主要材料预算价格汇总表、其他材料预算价格汇总表、施工机械台时费汇总表、主要工程量汇总表、主要材料量汇总表、工时数量汇总表。

1. 建筑工程单价汇总表

附表一　　　　　　　　建筑工程单价汇总表

单价编号	名称	单位	单价（元）	其　中							
				人工费	材料费	机械使用费	其他直接费	间接费	利润	材料补差	税金

2. 安装工程单价汇总表

附表二 安装工程单价汇总表

| 单价编号 | 名称 | 单位 | 单价（元） | 其 中 | | | | | | | | |
				人工费	材料费	机械使用费	其他直接费	间接费	利润	材料补差	未计价装置性材料费	税金

3. 主要材料预算价格汇总表

附表三 主要材料预算价格汇总表

| 序号 | 名称及规格 | 单位 | 预算价格（元） | 其中 | | | |
				原价	运杂费	运输保险费	采购及保管费

4. 其他材料预算价格汇总表

附表四 其他材料预算价格汇总表

序号	名称及规格	单位	原价（元）	运杂费（元）	合计（元）

5. 施工机械台时费汇总表

附表五 施工机械台时费汇总表

| 序号 | 名称及规格 | 台时费（元） | 其 中 | | | | |
			折旧费	修理及替换设备费	安拆费	人工费	动力燃料费

6. 主要工程量汇总表

附表六　　　　　　　**主要工程量汇总表**

序号	项目	土石方明挖 （m³）	石方洞挖 （m³）	土石方填筑 （m³）	混凝土 （m³）	模板 （m²）	钢筋 （t）	帷幕灌浆 （m）	固结灌浆 （m）

注　表中统计的工程类别可根据工程实际情况调整。

7. 主要材料量汇总表

附表七　　　　　　　**主要材料量汇总表**

序号	项目	水泥 （t）	钢筋 （t）	钢材 （t）	木材 （m³）	炸药 （t）	沥青 （t）	粉煤灰 （t）	汽油 （t）	柴油 （t）

注　表中统计的主要材料种类可根据工程实际情况调整。

8. 工时数量汇总表

附表八　　　　　　　**工时数量汇总表**

序号	项　目	工时数量	备　注

四、工程部分概算附件附表

工程部分概算附件附表包括人工预算单价计算表、主要材料运输费用计算表、主要材料预算价格计算表、混凝土材料单价计算表、建筑工程单价表、安装工程单价表、资金流量计算表。

1. 人工预算单价计算表

附件表一 人工预算单价计算表

艰苦边远地区类别		定额人工等级	
序号	项目	计算式	单价（元）
1	人工工时预算单价		
2	人工工日预算单价		

2. 主要材料运输费用计算表

附件表二 主要材料运输费用计算表

编号		1	2	3	材料名称			材料编号	
交货条件					运输方式	火车	汽车	船运	火　车
交货地点					货物等级			整车	零担
交货比例（％）					装载系数				
编号	运输费用项目	运输起讫地点		运输距离（km）		计算公式		合计（元）	
1	铁路运杂费								
	公路运杂费								
	水路运杂费								
	综合运杂费								
2	铁路运杂费								
	公路运杂费								
	水路运杂费								
	综合运杂费								
3	铁路运杂费								
	公路运杂费								
	水路运杂费								
	综合运杂费								
每吨运杂费									

3. 主要材料预算价格计算表

附件表三　　　　　　主要材料预算价格计算表

编号	名称及规格	单位	原价依据	单位毛重（t）	每吨运费（元）	价　格（元）				
						原价	运杂费	采购及保管费	运输保险费	预算价格

4. 混凝土材料单价计算表

附件表四　　　　　　混凝土材料单价计算表

编号	名称及规格	单位	预算量	调整系数	单价（元）	合价（元）

注　1. "名称及规格"栏要求标明混凝土标号及级配、水泥强度等级等。

　　2. "调整系数"为卵石换碎石、粗砂换中细砂及其他调整配合比材料用量系数。

5. 建筑工程单价表

附件表五　　　　　　建筑工程单价表

单价编号		项目名称				
定额编号				定额单位		
施工方法		（填写施工方法、土或岩石类别、运距等）				
编号	名称及规格		单位	数量	单价（元）	合计（元）

6. 安装工程单价表

附件表六　　　　　　安装工程单价表

单价编号		项目名称				
定额编号				定额单位		
型号规格						
编号	名称及规格		单位	数量	单价（元）	合计（元）

7. 资金流量计算表

资金流量计算表可视不同情况按项目划分列示至一级或二级项目。项目排列方法同分年度投资表。资金流量计算表应汇总征地移民、环境保护、水土保持等部分投资，并计算总投资。

附件表七　　　　　　　资金流量计算表　　　　　单位：万元

序号	项　　目	合计	建设工期（年）						
			1	2	3	4	5	6	……
Ⅰ	工程部分投资								
一	建筑工程								
（一）	×××工程								
1	分年度完成工作量								
2	预付款								
3	扣回预付款								
4	保留金								
5	偿还保留金								
（二）	×××工程								
	……								
二	安装工程								
	……								
三	设备购置费								
	……								
四	独立费用								
	……								
五	一至四项合计								
1	分年度费用								

序号	项 目	合 计	建设工期（年）						
			1	2	3	4	5	6	……
2	预付款								
3	回预付款								
4	保留金								
5	偿还保留金								
	基本预备费								
	静态投资								
Ⅱ	建设征地移民补偿投资								
	……								
	静态投资								
Ⅲ	环境保护工程投资								
	……								
	静态投资								
Ⅳ	水土保持工程投资								
	……								
	静态投资								
Ⅴ	工程投资总计（Ⅰ～Ⅳ合计）								
	静态总投资								
	价差预备费								
	建设期融资利息								
	总投资								

五、投资对比分析报告附表

1.总投资对比表

格式参见附表一，可根据工程情况进行调整。可视不同情况按项目划分列示至一级项目或二级项目。

附表一　　　　　　　　　　　　**总 投 资 对 比 表**　　　　　　单位：万元

序号	工程或费用名称	可研阶段投资	初步设计阶段投资	增减额度	增减幅度(%)	备注
(1)	(2)	(3)	(4)	(4)－(3)	[(4)－(3)]/(3)	
Ⅰ	工程部分投资 第一部分　建筑工程 …… 第二部分　机电设备及安装工程 …… 第三部分　金属结构设备及安装工程 …… 第四部分　施工临时工程 …… 第五部分　独立费用 …… 一至五部分投资合计 基本预备费 静态投资					
Ⅱ	建设征地移民补偿投资					
一	农村部分补偿费					
二	城（集）镇部分补偿费					
三	工业企业补偿费					
四	专业项目补偿费					
五	防护工程费					
六	库底清理费					
七	其他费用					

序号	工程或费用名称	可研阶段投资	初步设计阶段投资	增减额度	增减幅度(%)	备注
(1)	(2)	(3)	(4)	(4)－(3)	[(4)－(3)]/(3)	
	一至七项小计					
	基本预备费					
	有关税费					
	静态投资					
Ⅲ	环境保护工程投资					
	静态投资					
Ⅳ	水土保持工程投资					
	静态投资					
Ⅴ	工程投资总计（Ⅰ～Ⅳ合计）					
	静态总投资					
	价差预备费					
	建设期融资利息					
	总投资					

2. 主要工程量对比表

格式参见附表二，可根据工程情况进行调整。应列示主要工程项目的主要工程量。

附表二　　　　　　主要工程量对比表

序号	工程或费用名称	单位	可研阶段	初步设计阶段	增减数量	增减幅度（%）	备注
(1)	(2)	(3)	(4)	(5)	(5)－(4)	[(5)－(4)]/(4)	
1	挡水工程						
	石方开挖						
	混凝土						
	钢筋						
	……						

3. 主要材料和设备价格对比表

格式参见附表三，可根据工程情况进行调整。设备投资较少时，可不附设备价格对比。

附表三　　　　　　主要材料和设备价格对比表　　　　单位：元

序号	工程或费用名称	单位	可研阶段	初步设计阶段	增减额度	增减幅度（%）	备注
(1)	(2)	(3)	(4)	(5)	(5)－(4)	[(5)－(4)]/(4)	
1	主要材料价格						
	水泥						
	油料						
	钢筋						
	……						
2	主要设备价格						
	水轮机						
	……						

六、其他说明

编制概算小数点后位数取定方法：

基础单价、工程单价单位为"元"，计算结果精确到小数点后两位。

一至五部分概算表、分年度概算表及总概算表单位为"万元"，计算结果精确到小数点后两位。

计量单位为"m^3"、"m^2"、"m"的工程量精确到整数位。

投 资 估 算

第七章 投资估算编制

一、综述

投资估算是项目建议书和可行性研究报告的重要组成部分。

投资估算与设计概算在组成内容、项目划分和费用构成上基本相同，但两者设计深度不同，投资估算可根据《水利水电工程项目建议书编制规程》或《水利水电工程可行性研究报告编制规程》的有关规定，对设计概算编制规定中部分内容进行适当简化、合并或调整。

设计阶段和设计深度决定了两者编制方法及计算标准有所不同。

二、编制方法及计算标准

（一）基础单价

基础单价编制与设计概算相同。

（二）建筑、安装工程单价

主要建筑、安装工程单价编制与设计概算相同，一般采用概算定额，但考虑投资估算工作深度和精度，应乘以扩大系数。扩大系数见表7-1。

（三）分部工程估算编制

（1）建筑工程。主体建筑工程、交通工程、房屋建筑工程编制方法与设计概算基本相同。其他建筑工程可视工程具体情况和规模按主体建筑工程投资的3%～5%计算。

表 7-1　　　　　　　　　建筑、安装工程单价扩大系数表

序号	工 程 类 别	单价扩大系数（％）
一	建筑工程	
1	土方工程	10
2	石方工程	10
3	砂石备料工程（自采）	0
4	模板工程	5
5	混凝土浇筑工程	10
6	钢筋制安工程	5
7	钻孔灌浆及锚固工程	10
8	疏浚工程	10
9	掘进机施工隧洞工程	10
10	其他工程	10
二	机电、金属结构设备安装工程	
1	水力机械设备、通信设备、起重设备及闸门等设备安装工程	10
2	电气设备、变电站设备安装工程及钢管制作安装工程	10

（2）机电设备及安装工程。主要机电设备及安装工程编制方法基本与设计概算相同。其他机电设备及安装工程原则上根据工程项目计算投资，若设计深度不满足要求，可根据装机规模按占主要机电设备费的百分率或单位千瓦指标计算。

（3）金属结构设备及安装工程。编制方法基本与设计概算相同。

（4）施工临时工程。编制方法及计算标准与设计概算相同。

（5）独立费用。编制方法及计算标准与设计概算相同。

（四）分年度投资及资金流量

投资估算由于工作深度仅计算分年度投资而不计算资金流量。

（五）预备费、建设期融资利息、静态总投资、总投资

可行性研究投资估算基本预备费率取 10％～12％；项目建议书阶段基本预备费率取 15％～18％。价差预备费率同设计概算。

三、估算表格及其他

参照概算格式。

附　　录

附录 1

水利水电工程等级划分标准

根据《水利水电工程等级划分及洪水标准》（SL 252—2000）及其他现行水利水电工程等级划分的相关规范，汇总工程等别划分标准如下。若规范有变化，应进行相应调整。

（1）水利水电工程的等别应根据其工程规模、效益及在国民经济中的重要性按附表 1 确定。

附表 1　　　　　　　水利水电工程分等指标

| 工程等别 | 工程规模 | 水库总库容（10^8m^3） | 防洪 | | 治涝 | 灌溉 | 供水 | 发电 |
			保护城镇及工矿企业的重要性	保护农田（10^4亩）	治涝面积（10^4亩）	灌溉面积（10^4亩）	供水对象重要性	装机容量（10^4kW）
Ⅰ	大（1）型	≥10	特别重要	≥500	≥200	≥150	特别重要	≥120
Ⅱ	大（2）型	10～1.0	重要	500～100	200～60	150～50	重要	120～30
Ⅲ	中型	1.0～0.10	中等	100～30	60～15	50～5	中等	30～5
Ⅳ	小（1）型	0.10～0.01	一般	30～5	15～3	5～0.5	一般	5～1
Ⅴ	小（2）型	0.01～0.001		<5	<3	<0.5		<1

对综合利用的水利水电工程，当按各综合利用项目的分等指标确定的等别不同时，其工程等别应按其中最高等别确定。

（2）拦河水闸工程的等别，应根据其过闸流量，按附表 2 确定。

附表 2　　　　　　　　拦河水闸工程分等指标

工程等别	工程规模	过闸流量（m³/s）
I	大（1）型	≥5000
II	大（2）型	5000～1000
III	中型	1000～100
IV	小（1）型	100～20
V	小（2）型	<20

（3）灌溉、排水泵站的等别，应根据其装机流量与装机功率，按附表 3 确定。工业、城镇供水泵站的等别，应根据其供水对象的重要性按附表 1 确定。

附表 3　　　　　　　　灌溉、排水泵站分等指标

工程等别	工程规模	装机流量（m³/s）	装机功率（10⁴kW）
I	大（1）型	≥200	≥3
II	大（2）型	200～50	3～1
III	中型	50～10	1～0.1
IV	小（1）型	10～2	0.1～0.01
V	小（2）型	<2	<0.01

注　1. 装机流量、装机功率系指包括备用机组在内的单站指标。

　　2. 当泵站按分等指标分属两个不同等别时，其等别按其中高的等别确定。

　　3. 由多级或多座泵站联合组成的泵站系统工程的等别，可按其系统的指标确定。

根据《灌溉与排水工程设计规范》（GB 50288—99），汇总灌溉渠道及建筑物工程级别标准如下。若规范有变化，应进行相应调整。

（1）灌溉渠道或排水沟的级别应根据灌溉或排水流量的大小，按附表 4 确定。对灌排结合的渠道工程，当按灌溉和排水流量分属两个不同工程级别时，应按其中较高的级别确定。

附表 4 　　　　　　　　　　　　**灌排沟渠工程分级指标**

工程级别	1	2	3	4	5
灌溉流量（m³/s）	＞300	300～100	100～20	20～5	＜5
排水流量（m³/s）	＞500	500～200	200～50	50～10	＜10

（2）水闸、渡槽、倒虹吸、涵洞、隧洞、跌水与陡坡等灌排建筑物的级别，应根据过水流量的大小，按附表 5 确定。

附表 5 　　　　　　　　　　　　**灌排建筑物分级指标**

工程级别	1	2	3	4	5
过水流量（m³/s）	＞300	300～100	100～20	20～5	＜5

附录 **2**

国家发展改革委、建设部关于印发 《建设工程监理与相关服务收费 管理规定》的通知

发改价格〔2007〕670 号

国务院有关部门，各省、自治区、直辖市发展改革委、物价局、建设厅（委）：

为规范建设工程监理及相关服务收费行为，维护委托双方合法权益，促进工程监理行业健康发展，我们制定了《建设工程监理与相关服务收费管理规定》，现印发给你们，自 2007 年 5 月 1 日起执行。原国家物价局、建设部下发的《关于发布工程建设监理费有关规定的通知》（〔1992〕价费字 479 号）自本规定生效之日起废止。

附：建设工程监理与相关服务收费管理规定

国家发展改革委　建设部
二〇〇七年三月三十日

附：

建设工程监理与相关服务收费管理规定

第一条　为规范建设工程监理与相关服务收费行为，维护发包人和监理人的合法权益，根据《中华人民共和国价格法》及有

关法律、法规，制定本规定。

第二条 建设工程监理与相关服务，应当遵循公开、公平、公正、自愿和诚实信用的原则。依法须招标的建设工程，应通过招标方式确定监理人。监理服务招标应优先考虑监理单位的资信程度、监理方案的优劣等技术因素。

第三条 发包人和监理人应当遵守国家有关价格法律法规的规定，接受政府价格主管部门的监督、管理。

第四条 建设工程监理与相关服务收费根据建设项目性质不同情况，分别实行政府指导价或市场调节价。依法必须实行监理的建设工程施工阶段的监理收费实行政府指导价；其他建设工程施工阶段的监理收费和其他阶段的监理与相关服务收费实行市场调节价。

第五条 实行政府指导价的建设工程施工阶段监理收费，其基准价根据《建设工程监理与相关服务收费标准》计算，浮动幅度为上下20％。发包人和监理人应当根据建设工程的实际情况在规定的浮动幅度内协商确定收费额。实行市场调节价的建设工程监理与相关服务收费，由发包人和监理人协商确定收费额。

第六条 建设工程监理与相关服务收费，应当体现优质优价的原则。在保证工程质量的前提下，由于监理人提供的监理与相关服务节省投资，缩短工期，取得显著经济效益的，发包人可根据合同约定奖励监理人。

第七条 监理人应当按照《关于商品和服务实行明码标价的规定》，告知发包人有关服务项目、服务内容、服务质量、收费依据，以及收费标准。

第八条 建设工程监理与相关服务的内容、质量要求和相应的收费金额以及支付方式，由发包人和监理人在监理与相关服务合同中约定。

第九条 监理人提供的监理与相关服务，应当符合国家有关法律、法规和标准规范，满足合同约定的服务内容和质量等要求。监理人不得违反标准规范规定或合同约定，通过降低服务质量、减少服务内容等手段进行恶性竞争，扰乱正常市场秩序。

第十条　由于非监理人原因造成建设工程监理与相关服务工作量增加或减少的，发包人应当按合同约定与监理人协商另行支付或扣减相应的监理与相关服务费用。

第十一条　由于监理人原因造成监理与相关服务工作量增加的，发包人不另行支付监理与相关服务费用。

监理人提供的监理与相关服务不符合国家有关法律、法规和标准规范的，提供的监理服务人员、执业水平和服务时间未达到监理工作要求的，不能满足合同约定的服务内容和质量等要求的，发包人可按合同约定扣减相应的监理与相关服务费用。

由于监理人工作失误给发包人造成经济损失的，监理人应当按照合同约定依法承担相应赔偿责任。

第十二条　违反本规定和国家有关价格法律、法规规定的，由政府价格主管部门依据《中华人民共和国价格法》、《价格违法行为行政处罚规定》予以处罚。

第十三条　本规定及所附《建设工程监理与相关服务收费标准》，由国家发展改革委会同建设部负责解释。

第十四条　本规定自 2007 年 5 月 1 日起施行，规定生效之日前已签订服务合同及在建项目的相关收费不再调整。原国家物价局与建设部联合发布的《关于发布工程建设监理费有关规定的通知》（〔1992〕价费字 479 号）同时废止。国务院有关部门及各地制定的相关规定与本规定相抵触的，以本规定为准。

附件：建设工程监理与相关服务收费标准（摘录）

附件：

建设工程监理与相关服务收费标准（摘录）

1 总则

1.0.1 建设工程监理与相关服务是指监理人接受发包人的委托，提供建设工程施工阶段的质量、进度、费用控制管理和安全生产监督管理、合同、信息等方面协调管理服务，以及勘察、设计、保修等阶段的相关服务。各阶段的工作内容见《建设工程监理与相关服务的主要工作内容》（附表一）。

1.0.2 建设工程监理与相关服务收费包括建设工程施工阶段的工程监理（以下简称"施工监理"）服务收费和勘察、设计、保修等阶段的相关服务（以下简称"其他阶段的相关服务"）收费。

1.0.3 铁路、水运、公路、水电、水库工程的施工监理服务收费按建筑安装工程费分档定额计费方式计算收费。其他工程的施工监理服务收费按照建设项目工程概算投资额分档定额计费方式计算收费。

1.0.4 其他阶段的相关服务收费一般按相关服务工作所需工日和《建设工程监理与相关服务人员人工日费用标准》（附表四）收费。

1.0.5 施工监理服务收费按照下列公式计算：

（1）施工监理服务收费＝施工监理服务收费基准价×（1±浮动幅度值）

（2）施工监理服务收费基准价＝施工监理服务收费基价×专业调整系数×工程复杂程度调整系数×高程调整系数

1.0.6 施工监理服务收费基价

施工监理服务收费基价是完成国家法律法规、规范规定的施工阶段监理基本服务内容的价格。施工监理服务收费基价按《施工监理服务收费基价表》（附表二）确定，计费额处于两个数值区间的，采用直线内插法确定施工监理服务收费基价。

1.0.7 施工监理服务收费基准价

施工监理服务收费基准价是按照本收费标准规定的基价和1.0.5（2）计算出的施工监理服务基准收费额。发包人与监理人根据项目的实际情况，在规定的浮动幅度范围内协商确定施工监理服务收费合同额。

1.0.8 施工监理服务收费的计费额

施工监理服务收费以建设项目工程概算投资额分档定额计费方式收费的，其计费额为工程概算中的建筑安装工程费、设备购置费和联合试运转费之和，即工程概算投资额。对设备购置费和联合试运转费占工程概算投资额40％以上的工程项目，其建筑安装工程费全部计入计费额，设备购置费和联合试运转费按40％的比例计入计费额。但其计费额不应小于建筑安装工程费与其相同且设备购置费和联合试运转费等于工程概算投资额40％的工程项目的计费额。

工程中有利用原有设备并进行安装调试服务的，以签订工程监理合同时同类设备的当期价格作为施工监理服务收费的计费额；工程中有缓配设备的，应扣除签订工程监理合同时同类设备的当期价格作为施工监理服务收费的计费额；工程中有引进设备的，按照购进设备的离岸价格折换成人民币作为施工监理服务收费的计费额。

施工监理服务收费以建筑安装工程费分档定额计费方式收费的，其计费额为工程概算中的建筑安装工程费。

作为施工监理服务收费计费额的建设项目工程概算投资额或建筑安装工程费均指每个监理合同中约定的工程项目范围的计费额。

1.0.9 施工监理服务收费调整系数

施工监理服务收费调整系数包括：专业调整系数、工程复杂程度调整系数和高程调整系数。

（1）专业调整系数是对不同专业建设工程的施工监理工作复杂程度和工作量差异进行调整的系数。计算施工监理服务收费时，专业调整系数在《施工监理服务收费专业调整系数表》（附表三）中查找确定。

（2）工程复杂程度调整系数是对同一专业建设工程的施工监理复杂程度和工作量差异进行调整的系数。工程复杂程度分为一般、较复杂和复杂三个等级，其调整系数分别为：一般（Ⅰ级）0.85；较复杂（Ⅱ级）1.0；复杂（Ⅲ级）1.15。计算施工监理服务收费时，工程复杂程度在相应章节的《工程复杂程度表》中查找确定。

（3）高程调整系数如下：

海拔高程 2001m 以下的为 1；

海拔高程 2001～3000m 为 1.1；

海拔高程 3001～3500m 为 1.2；

海拔高程 3501～4000m 为 1.3；

海拔高程 4001m 以上的，高程调整系数由发包人和监理人协商确定。

1.0.10 发包人将施工监理服务中的某一部分工作单独发包给监理人，按照其占施工监理服务工作量的比例计算施工监理服务收费，其中质量控制和安全生产监督管理服务收费不宜低于施工监理服务收费额的 70%。

1.0.11 建设工程项目施工监理服务由两个或者两个以上监理人承担的，各监理人按照其占施工监理服务工作量的比例计算施工监理服务收费。发包人委托其中一个监理人对建设工程项目施工监理服务总负责的，该监理人按照各监理人合计监理服务收费额的 4%～6% 向发包人收取总体协调费。

1.0.12 本收费标准不包括本总则 1.0.1 以外的其他服务收费。其他服务收费，国家有规定的，从其规定；国家没有规定的，由发包人与监理人协商确定。

5 水利电力工程

5.1 水利电力工程范围

适用水利、发电、送电、变电、核能工程。

5.2 水利电力工程复杂程度

5.2.1 水利、发电、送电、变电、核能工程

表 5.2-1 水利、发电、送电、变电、核能工程复杂程度表

等级	工 程 特 征
Ⅰ级	1. 单机容量 200MW 及以下凝汽式机组发电工程，燃气轮机发电工程，50MW 及以下供热机组发电工程； 2. 电压等级 220kV 及以下的送电、变电工程； 3. 最大坝高<70m，边坡高度<50m，基础处理深度<20m 的水库水电工程； 4. 施工明渠导流建筑物与土石围堰； 5. 总装机容量<50MW 的水电工程； 6. 单洞长度<1km 的隧洞； 7. 无特殊环保要求
Ⅱ级	1. 单机容量 300～600MW 凝汽式机组发电工程，单机容量 50MW 以上供热机组发电工程，新能源发电工程（可再生能源、风电、潮汐等）； 2. 电压等级 330kV 的送电、变电工程； 3. 70m≤最大坝高<100m 或 1000 万 m³≤库容<1 亿 m³ 的水库水电工程； 4. 地下洞室的跨度<15m，50m≤边坡高度<100m，20m≤基础处理深度<40m 的水库水电工程； 5. 施工隧洞导流建筑物（洞径<10m）或混凝土围堰（最大堰高<20m）； 6. 50MW≤总装机容量<1000MW 的水电工程； 7. 1km≤单洞长度<4km 的隧洞

等级	工程特征
Ⅱ级	8. 工程位于省级重点环境（生态）保护区内，或毗邻省级重点环境（生态）保护区，有较高环保要求
Ⅲ级	1. 单机容量 600MW 以上凝汽式机组发电工程； 2. 换流站工程，电压等级≥500kV 送电、变电工程； 3. 核能工程； 4. 最大坝高≥100m 或库容≥1 亿 m³ 的水库水电工程； 5. 地下洞室的跨度≥15m，边坡高度≥100m，基础处理深度≥40m 的水库水电工程； 6. 施工隧洞导流建筑物（洞径≥10m）或混凝土围堰（最大堰高≥20m）； 7. 总装机容量≥1000MW 的水库水电工程； 8. 单洞长度≥4km 的水工隧洞； 9. 工程位于国家级重点环境（生态）保护区内，或毗邻国家级重点环境（生态）保护区，有特殊的环保要求

表 5.2-2　　　　　　其他水利工程复杂程度表

等级	工程特征
Ⅰ级	1. 流量＜15m³/s 的引调水渠道管线工程； 2. 堤防等级Ⅴ级的河道治理建（构）筑物及河道堤防工程； 3. 灌区田间工程； 4. 水土保持工程
Ⅱ级	1. 15m³/s≤流量＜25m³/s 的引调水渠道管线工程； 2. 引调水工程中的建筑物工程； 3. 丘陵、山区、沙漠地区的引调水渠道管线工程； 4. 堤防等级Ⅲ、Ⅳ级的河道治理建（构）筑物及河道堤防工程
Ⅲ级	1. 流量≥25m³/s 的引调水渠道管线工程； 2. 丘陵、山区、沙漠地区的引调水建筑物工程； 3. 堤防等级Ⅰ、Ⅱ级的河道治理建（构）筑物及河道堤防工程； 4. 护岸、防波堤、围堰、人工岛、围垦工程，城镇防洪、河口整治工程

附表一　　　　　　建设工程监理与相关服务的主要工作内容

服务阶段	主要工作内容	备注
勘察阶段	协助发包人编制勘察要求、选择勘察单位，核查勘察方案并监督实施和进行相应的控制，参与验收勘察成果	建设工程勘察、设计、施工、保修等阶段监理与相关服务的具体工作内容执行国家、行业有关规范、规定
设计阶段	协助发包人编制设计要求、选择设计单位，组织评选设计方案，对各设计单位进行协调管理，监督合同履行，审查设计进度计划并监督实施，核查设计大纲和设计深度、使用技术规范合理性，提出设计评估报告（包括各阶段设计的核查意见和优化建议），协助审核设计概算	
施工阶段	施工过程中的质量、进度、费用控制、安全生产监督管理、合同、信息等方面的协调管理	
保修阶段	检查和记录工程质量缺陷，对缺陷原因进行调查分析并确定责任归属，审核修复方案，监督修复过程并验收，审核修复费用	

附表二　　　　　　　　施工监理服务收费基价表　　　　　单位：万元

序号	计费额	收费基价
1	500	16.5
2	1000	30.1
3	3000	78.1
4	5000	120.8
5	8000	181.0
6	10000	218.6
7	20000	393.4
8	40000	708.2
9	60000	991.4
10	80000	1255.8
11	100000	1507.0

序号	计费额	收费基价
12	200000	2712.5
13	400000	4882.6
14	600000	6835.6
15	800000	8658.4
16	1000000	10390.1

注 计费额大于1000000万元的，以计费额乘以1.039％的收费率计算收费基价。其他未包含的其收费由双方协商议定。

附表三　　施工监理服务收费专业调整系数表

工　程　类　型	专业调整系数
4. 水利电力工程	
风力发电、其他水利工程	0.9
火电工程、送变电工程	1.0
核能、水电、水库工程	1.2

附表四　　建设工程监理与相关服务人员人工日费用标准

建设工程监理与相关服务人员职级	工日费用标准（元）
一、高级专家	1000～1200
二、高级专业技术职称的监理与相关服务人员	800～1000
三、中级专业技术职称的监理与相关服务人员	600～800
四、初级及以下专业技术职称监理与相关服务人员	300～600

注 本表适用于提供短期服务的人工费用标准。

附录 3

国家发展改革委、建设部关于印发
《水利、水电、电力建设项目前期
工作勘察收费暂行规定》的通知

发改价格〔2006〕1352 号

国务院有关部门，各省、自治区、直辖市发展改革委、物价局、建设厅（委）：

为规范水利、水电、电力等建设项目前期工作工程勘察收费行为，根据《建设项目前期工作咨询收费暂行规定》（计价格〔1999〕1283 号）和《工程勘察设计收费管理规定》（计价格〔2002〕10 号），我们制定了《水利、水电、电力建设项目前期工作工程勘察收费暂行规定》。现印发给你们，请按照执行。

附：水利、水电、电力建设项目前期工作工程勘察收费暂行规定

国家发展改革委　建设部
二〇〇六年七月十日

附：

水利、水电、电力建设项目前期工作
工程勘察收费暂行规定

第一条　为规范水利、水电、电力等建设项目（下称"建

设项目")前期工作工程勘察收费行为，根据《建设项目前期工作咨询收费暂行规定》（计价格〔1999〕1283号）和《工程勘察设计收费管理规定》（计价格〔2002〕10号）的规定，制定本规定。

第二条　本规定适用于总投资估算额在500万元及以上的水利工程编制项目建议书、可行性研究阶段，电力工程编制初步可行性研究、可行性研究阶段（含核电工程项目前期工作工程勘察成果综合分析），以及水电工程预可行性研究阶段的工程勘察收费。总投资估算额在500万元以下的建设项目前期工作工程勘察收费实行市场调节价。

第三条　工程勘察的发包与承包应当遵循公开、公平、自愿和诚实信用的原则。发包人依法有权自主选择勘察人，勘察人自主决定是否接受委托。

第四条　建设项目前期工作工程勘察收费是指勘察人根据发包人的委托，提供收集建设场地已有资料、现场踏勘、制订勘察纲要，进行测绘、勘探、取样、试验、测试、检测等勘察作业，以及编制项目前期工作工程勘察文件等服务收取的费用。

第五条　建设项目前期工作工程勘察收费实行政府指导价。其基准价按本规定附件计算，上浮幅度不超过20％，下浮幅度不超过30％。具体收费额由发包人与勘察人按基准价和浮动幅度协商确定。

第六条　建设项目前期工作工程勘察发生以下作业准备的，可按照相应工程勘察收费基准价的10％～20％另行收取。包括办理工程勘察相关许可，以及购买有关资料；拆除障碍物，开挖以及修复地下管线；修通至作业现场道路，接通电源、水源以及平整场地；勘察材料以及加工；勘察作业大型机具搬运；水上作业用船、排、平台以及水监等。

第七条 水利、水电工程项目前期工作可根据需要，由承担项目前期工作的单位加收前期工作工程勘察成果分析和工程方案编制费用。加收的编制费用按相应阶段水利、水电工程勘察收费基准价的30％～40％计收。工作内容按照相应的工程技术质量标准和规程规范的规定执行。主要包括工程建设必要性论证、工程开发任务编制、初选代表性坝（厂）址、初选工程规模、建设征地和移民安置初步规划、估算工程投资以及初步经济评价等。核电工程项目前期工作工程勘察成果综合加工费（含主体勘察协调费），按计价格〔2002〕10号文件中通用工程勘察收费基准价的22％～25％计收。

第八条 建设项目前期工作工程勘察收费的金额以及支付方式，由发包人和勘察人在工程勘察合同中约定。勘察人提供的勘察文件，应当符合国家规定的工程技术质量标准，满足合同约定的内容、质量等要求。

第九条 因发包人原因造成工程勘察工作量增加的，勘察人可依据约定向发包人另行收取相应费用。工程勘察质量达不到规定和约定的，勘察人应当返工，由于返工增加工作量的，勘察人不得另行向发包人收取费用，发包人还可依据合同扣减其勘察费用。由于勘察人工作失误给发包人造成经济损失的，应当按照合同约定依法承担相应的责任。

第十条 勘察人提供工程勘察文件的标准份数为4份，发包人要求增加勘察文件份数的，由发包人另行支付印制勘察文件工本费。

第十一条 建设项目前期工作工程勘察收费应严格执行国家有关价格法律、法规和规定，违反有关规定的，由政府价格主管部门依法予以处罚。

第十二条 本规定于2006年9月1日起实施。此前已签订合同的，双方可根据勘察工作进展情况和本规定重新协商收费额，协商不一致的按此前双方约定执行。

附件：一、水利、水电工程建设项目前期工作工程勘察收费
标准

二、电力工程建设项目前期工作工程勘察收费标准
（略）

水利、水电工程建设项目前期
工作工程勘察收费标准

一、本标准适用于水利工程编项目建设书、可行性研究阶段的工程勘察收费，水电工程（含潮汐发电工程）预可行性研究阶段的工程勘察收费。

二、水利水电工程项目前期工作工程勘察收费按照下列公式计算：

水利水电工程项目前期工作相应阶段工程勘察收费基准价＝水利水电工程前期工作工程勘察收费基价×相应阶段各占前期工作工程勘察工作量比例×工程类型调整系数×工程勘察复杂程度调整系数×附加方案及其他调整系数

1. 水利水电工程前期工作工程勘察收费基价表（金额单位：万元）

序号	投资估算值（计费额）	收费基价	序号	投资估算值（计费额）	收费基价
1	500	12.00	10	80000	1008.25
2	1000	22.20	11	100000	1215.10
3	3000	59.50	12	200000	2207.50
4	5000	92.70	13	400000	4002.60
5	8000	139.10	14	600000	5626.50
6	10000	168.07	15	800000	7145.80
7	20000	307.32	16	1000000	8591.20
8	40000	560.80	17	2000000	15506.20
9	60000	791.50			

注　投资估算值处于两个数值区间的，采用内插法确定工程勘察收费基价。投资估算值大于 2000000 万元的，收费基价增幅按投资估算额超出幅度的 0.77％计算。

2. 项目前期工作相应阶段工作勘察各占前期工作工程勘察工作量比例

（1）水电工程预可行性研究阶段勘察工作量比例按 28%计取。

（2）各类水利工程前期工作各阶段勘察工作量比例表。

工程类别　　　　　　　　　　　阶　段		项目建设书阶段（%）	可行性研究阶段（%）
水库工程		45	55
引调水工程 灌区骨干工程 （支渠以上，下同） 河道治理工程 城市防护工程 河口整治工程 围垦工程	建筑物	38	62
	渠道管线、河道堤防	43	57
水土保持工程		40	60

3. 工程类型调整系数表

序号	工程类别		调整系数
1	水电工程		1.4
2	潮汐发电工程		1.7
3	水库工程		1.2
4	水土保持工程		0.61
5	引调水工程 灌区骨干工程 和河道治理工程	建筑物	1.08
		渠道管线、河道堤防	0.80
6	城市防护工程 河口整治工程	建筑物	1.15
		其他工程	0.82

序号	工程类别		调整系数
7	围垦工程	建筑物	1.03
		其他工程	0.75

4. 工程勘察复杂程度调整系数

水库工程和水电工程，根据复杂程度赋分表确定分值，再根据工程勘察复杂程度调整系数表确定复杂程度调整系数；其他水利工程直接查复杂程度调整系数表确定复杂程度调整系数。

水库、水电工程前期工作阶段工程勘察复杂程度赋分值表

序号	项目	赋分条件	分值
1	坝高 H（m）	$H<30$	-5
		$30{\leqslant}H<50$	-2
		$50{\leqslant}H<70$	1
		$70{\leqslant}H<150$	3
		$150{\leqslant}H<250$	5
2	建筑物	一般土石坝	-1
		常规重力坝	1
		两种坝型或引水线路＞3km 或抽水蓄能电站	2
		拱坝、碾压混凝土坝、混凝土面板堆石坝，新坝型	3
		大型地下洞室群	4
3	岩石级别	Ⅴ级以下	-2
		Ⅵ级岩石	0
		Ⅶ级岩石	1
		Ⅷ、Ⅸ级岩石	2
		Ⅹ级及以上	3

序号	项目	赋分条件	分值
4	地形地貌	简单	−2
		中等	1
		较复杂	2
		复杂	3
5	地层岩性	均一	−2
		较均一	1
		较复杂	2
		复杂	3
6	地质构造	简单	−2
		中等	1
		较复杂	2
		复杂	3
7	坝基或厂基覆盖层厚度	<10m	−2
		10~20m	1
		20~40m	2
		40~60m	4
8	水文地质	简单	−2
		中等	1
		较复杂	2
		复杂	3
9	库岸稳定	可能不稳定体<10万 m^3	0
		可能不稳定体10万~100万 m^3	2
		可能不稳定体100万~500万 m^3	3
		可能不稳定体500万 m^3 以上	4

序号	项目	赋分条件	分值
10	库区渗漏	无永久性渗漏	−1
		断层或古河道渗漏	2
		单薄分水岭渗漏	3
11	水文勘察	简单	−1
		中等	1
		复杂	3

水库、水电和其他水利工程前期工作阶段勘察复杂程度调整系数表

复杂程度调整系数	0.85	1.0	1.15
水库、水电工程	赋分值之和≤−3	赋分值之和−3～10	赋分值之和≥10
引调水建筑物工程	丘陵、山区、沙漠地区建筑物投资之和占全部建筑物总投资≤30%	丘陵、山区、沙漠地区建筑物投资之和占全部建筑物总投资≤60%	丘陵、山区、沙漠地区建筑物投资之和占全部建筑物总投资>60%
引调水渠道管线工程	丘陵、山区、沙漠地区渠道管线长度之和占总长度≤30%	丘陵、山区、沙漠地区渠道管线长度之和占总长度≤60%	丘陵、山区、沙漠地区渠道管线长度之和占总长度>60%
河道治理建筑物及河道堤防工程	堤防等级Ⅴ级	堤防等级Ⅲ、Ⅳ级	堤防等级Ⅰ、Ⅱ级
其他		水土保持工程	

5. 水利水电工程前期工作工程勘察附加方案及其他调整系数表

序号	项目	工作内容	调整系数
1	坝址比较	一个或一条	0.7~1
2		三个或三条	1~1.3
3	引水线路比较	两条以上（含两条）	1~1.2
4	岩溶地区	岩溶地区勘察	1~1.2
5	河床覆盖层厚度	>60m	1~1.1
6	地震设防烈度	≥8度	1.1~1.2
7	高坝勘察	>250m	1~1.1
8	深埋长隧洞	埋深>1000m，长度>8km	1~1.2
9	线路勘察	两条以上	1.05~1.5

注 1. 高程附加调整系数按计价格〔2002〕10号规定执行。

    2. 附加方案调整系数为两个或两个以上的，不得连乘，应当先将各调整系数相加，然后减去附加调整系数的个数，再加上定值1，作为附加方案调整系数的取值。

    3. 水库、水电等工程淹没处理区处理补偿费和施工转辅助工程费列入计费额的比例，视承担工作量的大小取全额或部分费用列入计费额，具体比例由发包人和勘察人协商确定。不承担上述工作内容的不列入计费额。

附录 4

国家计委关于印发《建设项目前期工作咨询收费暂行规定》的通知

计价格〔1999〕1283 号

各省、自治区、直辖市物价局（委员会）、计委（计经委），中国工程咨询协会：

为规范建筑项目前期工作咨询收费行为，维护委托人和工程咨询机构的合法权益，促进工程咨询业的健康发展，我委制定了《建设项目前期工作咨询收费暂行规定》，现印发给你们，请按照执行，并将执行中遇到的问题及时反馈我委。

附：建设项目前期工作咨询收费暂行规定

国家发展计划委员会
一九九九年九月十日

附：

建设项目前期工作咨询收费暂行规定

第一条　为提高建设项目前期工作质量，促进工程咨询社会化、市场化，规范工作咨询收费行为，根据《中华人民共和国价格法》及有关法律法规，制定本规定。

第二条　本规定适用于建设项目前期工作的咨询收费，包括建设项目专题研究、编制和评估项目建议书或者可行性研究报告，以及其他与建设项目前期工作有关的咨询服务收费。

第三条　建设项目前期工作咨询服务，应遵循自愿原则，委托方自主决定选择工程咨询机构，工程咨询机构自主决定是否接受委托。

第四条　从事工程咨询机构，必须取得相应工程咨询资格证书，具有法人资格，并依法纳税。

第五条　工程咨询机构应遵守国家法律、法规和行业行为准则，开展公平竞争，不得采取不正当手段承揽业务。

第六条　工程咨询机构提供咨询服务，应遵循客观、科学、公平、公正原则，符合国家经济技术政策、规定，符合委托方的技术、质量要求。

第七条　工程咨询机构承担编制建设项目的项目建议书、可行性研究报告、初步设计文件的，不能再参与同一建设项目的项目建议书、可行性研究报告以及工程设计文件的咨询评估业务。

第八条　工程咨询收费实行政府指导价。具体收费标准由工程咨询机构与委托方根据本规定的指导性收费标准协商确定。

第九条　工程咨询收费根据不同工程咨询项目的性质、内容，采取以下方法计取费用：

（一）按建设项目估算投资额，分档计算工程咨询费用（见附件一、附件二）。

（二）按工程咨询工作所耗工日计算工程咨询费用（见附件三）。

按照前款两种方法不便于计费的，可以参照本规定的工日费用标准由工程咨询机构与委托方议定。但参照工日计算的收费额，不得超过按估算投资额分档计费方式计算的收费额。

第十条　采取按建设项目估算投资额分档计费的，以建设项目的项目建议书或者可行性研究报告的估算投资为计费依据。使用工程咨询机构推荐方案计算的投资与原估算投资发生增减变化时，咨询收费不再调整。

第十一条 工程咨询机构在编制项目建议书或者可行性研究报告时需要勘察、试验，评估项目建议书或者可行性研究报告时需要对勘察、试验数据进行复核，工作量明显增加需要加收费用的，可由双方另行协商加收的费用额和支付方式。

第十二条 工程咨询服务中，工程咨询机构提供自有专利、专有技术，需要另行支付费用的，国家有规定的，按规定执行；没有规定的，由双方协商费用额和支付方式。

第十三条 建设项目前期工作咨询应体现优质优价原则，优质优价的具体幅度由双方在规定的收费标准的基础上协商确定。

第十四条 工程咨询费用，由委托方与工程咨询机构依据本规定，在工程咨询合同中以专门条款确定费用数额及支付方式。

第十五条 工程咨询机构按合同收取咨询费用后，不得再要求委托方无偿提供食宿、交通等便利。

第十六条 工程咨询机构对外聘专家的付费按工日费用标准计算并支付，外聘专家，如有从业单位的，专家费用应支付给专家从业单位。

第十七条 委托方应按合同规定及时向工程咨询机构提供开展咨询业务所必需的工作条件和资料。由于委托方原因造成咨询工作量增加或延长工程咨询期限的，工程咨询机构可与委托方协商加收费用。

第十八条 工程咨询机构提交的咨询成果达不到合同规定标准的，应负责完善，委托方不另支付咨询费。

第十九条 工程咨询合同履行过程中，由于咨询机构失误造成委托方损失的，委托方可扣减或者追回部分以至全部咨询费用，对造成的直接经济损失，咨询机构应部分或全部赔偿。

第二十条　涉外工程咨询业务中有特殊要求的，工程咨询机构可与委托方参照国外有关收费办法协商确定咨询费用。

第二十一条　建设项目投资额在3000万元以下的和除编制、评估项目建议书或者可行性研究报告以外的其他建设项目前期工作咨询服务的收费标准，有各省、自治区、直辖市价格主管部门会同同级计划部门制定。

第二十二条　本规定由各级价格主管部门监督执行。

第二十三条　本规定由国家发展计划委员会负责解释。

第二十四条　本规定自发布之日起执行。

附件：

一、按建设项目估算投资额分档收费标准

二、按建设项目估算投资额分档收费的调整系数

三、工程咨询人员工日费用标准

附件一：

按建设项目估算投资额分档收费标准

单位：万元

估算投资额 咨询评估项目	3000万 ～1亿元	1亿～ 5亿元	5亿～ 10亿元	10亿～ 50亿元	50亿元 以上
一、编制项目建议书	6～14	14～37	37～55	55～100	100～125
二、编制可行性研究报告	12～28	28～75	75～110	110～200	200～250
三、评估项目建议书	4～8	8～12	12～15	15～17	17～20
四、评估可行性研究报告	5～10	10～15	15～20	20～25	25～35

注　1. 建设项目估算投资额是指项目建议书或者可行性研究报告的估算投资额。

　　2. 建设项目的具体收费标准，根据估算投资额在相对应的区间内用插入法计算。

　　3. 根据行业特点和各行业内部不同类别工程的复杂程度，计算咨询费用时可分别乘以行业调整系数和工程复杂程度调整系数（见附件二）。

附件二：

按建设项目估算投资额分档收费的调整系数

行业	调整系数（以附件一表中所列收费标准为1）
一、行业调整系数	
1.石化、化工、钢铁	1.3
2.石油、天然气、水利、水电、交通（水运）、化纤	1.2
3.有色、黄金、纺织、轻工、邮电、广播电视、医药、煤炭、火电（含核电）、机械（含船舶、航空、航天、兵器）	1.0
4.林业、商业、粮食、建筑	0.8
5.建材、交通（公路）、铁道、市政公用工程	0.7
二、工程复杂程度调整系数	0.8～1.2

注 工程复杂程度具体调整系数由工程咨询机构与委托单位根据各类工程情况协商确定。

附件三：

工程咨询人员工日费用标准

单位：元

咨询人员职级	工日费用标准
一、高级专家	1000～1200
二、高级专业技术职称的咨询人员	800～1000
三、中级专业技术职称的咨询人员	600～800

附录 5

国家计委、建设部关于发布《工程勘察设计收费管理规定》的通知

计价格〔2002〕10 号

国务院各有关部门，各省、自治区、直辖市计委、物价局，建设厅：

为贯彻落实《国务院办公厅转发建设部等部门关于工程勘察设计单位体制改革若干意见的通知》（国办发〔1999〕101 号），调整工程勘察设计收费标准，规范工程勘察设计收费行为，国家计委、建设部制定了《工程勘察设计收费管理规定》（以下简称《规定》），现予发布，自二〇〇二年三月一日起施行。原国家物价局、建设部颁发的《关于发布工程勘察和工程设计收费标准的通知》（〔1992〕价费字 375 号）及相关附件同时废止。

本《规定》施行前，已完成建设项目工程勘察或者工程设计合同工作量 50% 以上的，勘察设计收费仍按原合同执行；已完成工程勘察或者工程设计合同工作量不足 50% 的，未完成部分的勘察设计收费由发包人与勘察人、设计人参照本《规定》协商解决。

附件：工程勘察设计收费管理规定

二〇〇二年一月七日

附件：

工程勘察设计收费管理规定

第一条 为了规范工程勘察设计收费行为，维护发包人和勘察人、设计人的合法权益，根据《中华人民共和国价格法》以及有关法律、法规，制定本规定及《工程勘察收费标准》和《工程设计收费标准》。

第二条 本规定及《工程勘察收费标准》和《工程设计收费标准》，适用于中华人民共和国境内建设项目的工程勘察和工程设计收费。

第三条 工程勘察设计的发包与承包应当遵循公开、公平、公正、自愿和诚实信用的原则。依据《中华人民共和国招标投标法》和《建设工程勘察设计管理条例》，发包人有权自主选择勘察人、设计人，勘察人、设计人自主决定是否接受委托。

第四条 发包人和勘察人、设计人应当遵循国家有关价格法律、法规的规定，维护正常的价格秩序，接受政府价格主管部门的监督、管理。

第五条 工程勘察和工程设计收费根据建设项目投资额的不同情况，分别实行政府指导价和市场调节价。建设项目总投资估算额500万元及以上的工程勘察和工程设计收费实行政府指导价；建设项目总投资估算额500万元以下的工程勘察和工程设计收费实行市场调节价。

第六条 实行政府指导价的工程勘察和工程设计收费，其基准价根据《工程勘察收费标准》或者《工程设计收费标准》计算，除本规定第七条另有规定者外，浮动幅度为上下20％。发包人和勘察人、设计人应当根据建设项目的实际情况在规定的浮动幅度内协商确定收费额。

实行市场调节价的工程勘察和工程设计收费，由发包人和勘察人、设计人协商确定收费额。

第七条 工程勘察费和工程设计费，应当体现优质优价的原则。工程勘察和工程设计收费实行政府指导价的，凡在工程勘察设计中采用新技术、新工艺、新设备、新材料，有利于提高建设项目经济效益、环境效益和社会效益的，发包人和勘察人、设计人可以在上浮 25％的幅度内协商确定收费额。

第八条 勘察人和设计人应当按照《关于商品和服务实行明码标价的规定》，告知发包人有关服务项目、服务内容、服务质量、收费依据，以及收费标准。

第九条 工程勘察费和工程设计费的金额以及支付方式，由发包人和勘察人、设计人在《工程勘察合同》或者《工程设计合同》中约定。

第十条 勘察人或者设计人提供的勘察文件或者设计文件，应当符合国家规定的工程技术质量标准，满足合同约定的内容、质量等要求。

第十一条 由于发包人原因造成工程勘察、工程设计工作量增加或者工程勘察现场停工、窝工的，发包人应当向勘察人、设计人支付相应的工程勘察费或者工程设计费。

第十二条 工程勘察或者工程设计质量达不到本规定第十条规定的，勘察人或者设计人应当返工。由于返工增加工作量的，发包人不另外支付工程勘察费或者工程设计费。由于勘察人或者设计人工作失误给发包人造成经济损失的，应当按照合同约定承担赔偿责任。

第十三条 勘察人、设计人不得欺骗发包人或者与发包人互相串通，以增加工程勘察工作量或者提高工程设计标准等方式，多收工程勘察费或者工程设计费。

第十四条 违反本规定和国家有关价格法律、法规规定的，由政府价格主管部门依据《中华人民共和国价格法》、《价格违法行为行政处罚规定》予以处罚。

第十五条　本规定及所附《工程勘察收费标准》和《工程设计收费标准》，由国家发展计划委员会负责解释。

第十六条　本规定自二〇〇二年三月一日起施行。

工程勘察收费标准（摘录）

1 总则

1.0.1 工程勘察收费是指勘察人根据发包人的委托，收集已有资料、现场踏勘、制订勘察纲要，进行测绘、勘探、取样、试验、测试、检测、监测等勘察作业，以及编制工程勘察文件和岩土工程设计文件等收取的费用。

1.0.2 工程勘察收费标准分为通用工程勘察收费标准和专业工程勘察收费标准。

 1 通用工程勘察收费标准适用于工程测量、岩土工程勘察、岩土工程设计与检测监测、水文地质勘察、工程水文气象勘察、工程物探、室内试验等工程勘察的收费。

 2 专业工程勘察收费标准分别适用于煤炭、水利水电、电力、长输管道、铁路、公路、通信、海洋工程等工程勘察的收费。专业工程勘察中的一些项目可以执行通用工程勘察收费标准。

1.0.3 通用工程勘察收费采取实物工作量定额计费方法计算，由实物工作收费和技术工作收费两部分组成。

 专业工程勘察收费方法和标准，分别在煤炭、水利水电、电力、长输管道、铁路、公路、通信、海洋工程等章节中规定

1.0.4 通用工程勘察收费按照下列公式计算。

 1 工程勘察收费＝工程勘察收费基准价×（1±浮动幅度值）。

 2 工程勘察收费基准价＝工程勘察实物工作收费＋工程勘察技术工作收费。

 3 工程勘察实物工作收费＝工程勘察实物工作收费基价×

实物工作量×附加调整系数。

　　4　工程勘察技术工作收费＝工程勘察实物工作收费×技术工作收费比例。

1.0.5　工程勘察收费基准价

　　工程勘察收费基准价是按照本收费标准计算出的工程勘察基准收费额，发包人和勘察人可以根据实际情况在规定的浮动幅度内协商确定工程勘察收费合同额。

1.0.6　工程勘察实物工作收费基价

　　工程勘察实物工作收费基价是完成每单位工程勘察实物工作内容的基本价格。工程勘察实物工作收费基价在相关章节的《实物工作收费基价表》中查找确定。

1.0.7　实物工作量

　　实物工作量由勘察人按照工程勘察规范、规程的规定和勘察作业实际情况在勘察纲要中提出，经发包人同意后，在工程勘察合同中约定。

1.0.8　附加调整系数

　　附加调整系数是对工程勘察的自然条件、作业内容和复杂程度差异进行调整的系数。附加调整系数分别列于总则和各章节中。附加调整系数为两个或者两个以上的，附加调整系数不能连乘。将各附加调整系数相加，减去附加调整系数的个数，加上定值1，作为附加调整系数值。

1.0.9　在气温（以当地气象台、站的气象报告为准）≥35℃或者≤－10℃条件下进行勘察作业时，气温附加调整系数为1.2。

1.0.10　在海拔高程超过2000m地区进行工程勘察作业时，高程附加调整系数如下：

　　海拔高程2000～3000m为1.1。

　　海拔高程3001～3500m为1.2。

　　海拔高程3501～4000m为1.3。

海拔高程 4001m 以上的，高程附加调整系数由发包人与勘察人协商确定。

1.0.11 建设项目工程勘察由两个或者两个以上勘察人承担的，其中对建设项目工程勘察合理性和整体性负责的勘察人，按照该建设项目工程勘察收费基准价的 5% 加收主体勘察协调费。

1.0.12 工程勘察收费基准价不包括以下费用：办理工程勘察相关许可，以及购买有关资料费；拆除障碍物，开挖以及修复地下管线费；修通至作业现场道路，接通电源、水源以及平整场地费；勘察材料以及加工费；水上作业用船、排、平台以及水监费；勘察作业大型机具搬运费；青苗、树木以及水域养殖物赔偿费等。

发生以上费用的，由发包人另行支付。

1.0.13 工程勘察组日、台班收费基价如下：

工程测量、岩土工程验槽、检测监测、工程物探 1000 元/组日

岩土工程勘察　　　　　　　　　　　　　　　1360 元/台班

水文地质勘察　　　　　　　　　　　　　　　1680 元/台班

1.0.14 勘察人提供工程勘察文件的标准份数为 4 份。发包人要求增加勘察文件份数的，由发包人另行支付印制勘察文件工本费。

1.0.15 本收费标准不包括本总则 1.0.1 以外的其他服务收费。其他服务收费，国家有收费规定的，按照规定执行；国家没有收费规定的，由发包人与勘察人协商确定。

10　水利水电工程勘察

10.1　说明

10.1.1 本章为水库、引调水、河道治理、灌区、水电站、潮汐发电、水土保持等工程初步设计、招标设计和施工图设计阶段的工程勘察收费。

10.1.2 单独委托的专项工程勘察、风力发电工程勘察，执行通

用工程勘察收费标准。

10.1.3 水利水电工程勘察按照建设项目单项工程概算投资额分档定额计费方法计算收费，计算公式如下：

工程勘察收费＝工程勘察收费基准价×（1±浮动幅度值）

工程勘察收费基准价＝基本勘察收费＋其他勘察收费

基本勘察收费＝工程勘察收费基价×专业调整系数×工程复杂程度调整系数×附加调整系数

10.1.4 水利水电工程勘察收费的计费额、基本勘察收费、其他勘察收费及调整系数等，《工程勘察收费标准》中未做规定的，按照《工程设计收费标准》规定的原则确定。

10.1.5 水利水电工程勘察收费基价是完成水利水电工程基本勘察服务的价格。

10.1.6 水利水电工程勘察作业准备费按照工程勘察收费基准价的15％～20％计算收费。

10.2 水利水电工程各阶段工作量比例及专业调整系数

表10.2-1　　水利水电工程勘察各阶段工作量比例表

工程类型 设计阶段	水电、潮汐	水库	引调水、河道治理		水土保持
			建筑物	渠道管线	
初步设计（％）	60	68	68	73	73
招标设计（％）	10	4	4	3	3
施工图设计（％）	30	28	28	24	24

表10.2-2　　水利水电工程勘察专业调整系数表

序号	工程类别	专业调整系数
1	水电	1.40
2	水库	1.04
3	潮汐发电	1.70

序号	工程类别	专业调整系数
4	水土保持	0.50~0.55
5	引调水和河道治理	0.80
6	灌区田间	0.30~0.40
7	城市防护、河口整治	0.84~0.92
8	围垦	0.76~0.88

10.3 水利水电工程勘察复杂程度划分

表 10.3-1　　　水利水电工程勘察复杂程度赋分表

序号	项目	赋分条件	分值
1	坝高 H（m）	$H<30$	-5
		$30\leqslant H<50$	-2
		$50\leqslant H<70$	1
		$70\leqslant H<150$	3
		$150\leqslant H<250$	5
2	建筑物	一般土石坝	-1
		常规重力坝	1
		两种坝型或引水线路>3km 或抽水蓄能电站	2
		拱坝、碾压混凝土坝、混凝土面板堆石坝、新坝型	3
		大型地下洞室群	4
3	岩石级别	Ⅴ级以下	-2
		Ⅵ级岩石	0
		Ⅶ级岩石	1
		Ⅷ、Ⅸ级岩石	2
		Ⅹ级及以上	3

序号	项目	赋分条件	分值
4	地形地貌	简单	−2
		中等	1
		较复杂	2
		复杂	3
5	地层岩性	均一	−2
		较均一	1
		较复杂	2
		复杂	3
6	地质构造	简单	−2
		中等	1
		较复杂	2
		复杂	3
7	坝基或厂基覆盖层厚度	<10m	−2
		10～20m	1
		20～40m	2
		40～60m	4
8	水文地质	简单	−2
		中等	1
		较复杂	2
		复杂	3
9	库岸稳定	可能不稳定体<10 万 m^3	0
		可能不稳定体 10 万～100 万 m^3	2
		可能不稳定体 100 万～500 万 m^3	3
		可能不稳定体 500 万 m^3 以上	4

序号	项目	赋分条件	分值
10	库区渗漏	无永久性渗漏	－1
		断层或古河道渗漏	2
		单薄分水岭渗漏	3
11	水文勘察	简单	－1
		中等	1
		复杂	3

表 10.3－2　　水利水电工程勘察复杂程度表

项　目	Ⅰ	Ⅱ	Ⅲ
水库、水电工程	赋分值之和≤－3	赋分值之和－3～10	赋分值之和≥10
引调水建筑物工程	丘陵、山区、沙漠地区建筑物投资之和占全部建筑物总投资≤30%	丘陵、山区、沙漠地区建筑物投资之和占建筑物总投资≤60%	丘陵、山区、沙漠地区建筑物投资之和占建筑物总投资＞60%
引调水渠道管线工程	丘陵、山区、沙漠地区渠道管线长度之和占总长度≤30%	丘陵、山区、沙漠地区渠道管线长度之和占总长度≤60%	丘陵、山区、沙漠地区渠道管线长度之和占总长度＞60%
河道治理建筑物及河道堤防工程	堤防等级Ⅴ级	堤防等级Ⅲ、Ⅳ级	堤防等级Ⅰ、Ⅱ级
其他		灌区田间工程 水土保持工程	

表 10.3 - 3　　水利水电工程勘察收费附加调整系数表

序号	项　目	工作内容	附加调整系数
1	坝址或坝线比较	一个或一条	0.7
2		三个或三条	1.3
3	引水线路比较	两条以上	1.2
4	岩溶地区	岩溶地区勘察	1.2
5	河床覆盖层厚度	＞60m	1.1
6	地震设防烈度	≥8 度	1.1～1.2
7	高坝勘察	＞250m	1.1
8	深埋长隧洞	埋深＞1000m，长度＞8km	1.2
9	线路勘察	两条以上	1.05～1.50

10.4　水利水电工程勘察收费基价

表 10.4 - 1　　　水利水电工程勘察收费基价表

序号	计费额（万元）	收费基价（万元）
1	200	9
2	500	20.9
3	1000	38.8
4	3000	103.8
5	5000	163.9
6	8000	249.6
7	10000	304.8
8	20000	566.8
9	40000	1054.0
10	60000	1515.2
11	80000	1960.1
12	100000	2393.4

序号	计费额（万元）	收费基价（万元）
13	200000	4450.8
14	400000	8276.7
15	600000	11897.5
16	800000	15391.4
17	1000000	18793.8
18	2000000	34948.9

注 计费额＞2000000万元的，以计费额乘以1.7%的收费率计算收费基价。

工程设计收费标准（摘录）

1 总则

1.0.1 工程设计收费是指设计人根据发包人的委托，提供编制建设项目初步设计文件、施工图设计文件、非标准设备设计文件、施工图预算文件、竣工图文件等服务所收取的费用。

1.0.2 工程设计收费采取按照建设项目单项工程概算投资额分档定额计费方法计算收费。

铁道工程设计收费计算方法，在交通运输工程一章中规定。

1.0.3 工程设计收费按照下列公式计算

1 工程设计收费＝工程设计收费基准价×（1±浮动幅度值）。

2 工程设计收费基准价＝基本设计收费＋其他设计收费。

3 基本设计收费＝工程设计收费基价×专业调整系数×工程复杂程度调整系数×附加调整系数。

1.0.4 工程设计收费基准价

工程设计收费基准价是按照本收费标准计算出的工程设计基准收费额，发包人和设计人根据实际情况，在规定的浮动幅度内协商确定工程设计收费合同额。

1.0.5 基本设计收费

基本设计收费是指在工程设计中提供编制初步设计文件、施工图设计文件收取的费用，并相应提供设计技术交底、解决施工中设计技术问题、参加试车考核和竣工验收等服务。

1.0.6 其他设计收费

其他设计收费是指根据工程设计实际需要或者发包人要求提供相关服务收取的费用，包括总体设计费、主体设计协调费、采用标准设计和复用设计费、非标准设备设计文件编制费、施工图预算编制费、竣工图编制费等。

1.0.7 工程设计收费基价

工程设计收费基价是完成基本服务的价格。工程设计收费基价在《工程设计收费基价表》（附表一）中查找确定，计费额处于两个数值区间的，采用直线内插法确定工程设计收费基价。

1.0.8 工程设计收费计费额

工程设计收费计费额，为经过批准的建设项目初步设计概算中的建筑安装工程费、设备与工器具购置费和联合试运转费之和。

工程中有利用原有设备的，以签订工程设计合同时同类设备的当期价格作为工程设计收费的计费额；工程中有缓配设备，但按照合同要求以既配设备进行工程设计并达到设备安装和工艺条件的，以既配设备的当期价格作为工程设计收费的计费额；工程中有引进设备的，按照购进设备的离岸价折换成人民币作为工程设计收费的计费额。

1.0.9 工程设计收费调整系数

工程设计收费标准的调整系数包括：专业调整系数、工程复杂调整系数和附加调整系数。

1　专业调整系数是对不同专业建设项目的工程设计复杂程度和工作量差异进行调整的系数。计算工程设计收费时，专业调整系数在《工程设计收费专业调整系数表》（附表二）中查找确定。

2　工程复杂调整系数是对同一专业不同建设项目的工程设计复杂程度和工作量差异进行调整的系数。工程复杂程度分为一般、较复杂和复杂三个等级，其调整系数分别为：一般（Ⅰ级）0.85；较复杂（Ⅱ级）1.0；复杂（Ⅲ级）1.15。计算工程设计收费时，工程复杂程度在相应章节的《工程复杂程度表》中查找确定。

3 附加调整系数是对专业调整系数和工程复杂程度调整系数尚不能调整的因素进行补充调整的系数。附加调整系数分别列于总则和有关章节中。附加调整系数为两个或两个以上的，附加调整系数不能连乘。将各附加调整系数相加，减去附加调整系数的个数，加上定值1，作为附加调整系数值。

1.0.10 非标准设备设计收费按照下列公式计算

非标准设备设计费＝非标准设备计费额×非标准设备设计费率

非标准设备计费额为非标准设备的初步设计概算。非标准设备设计费率在《非标准设备设计费率表》（附表三）中查找确定。

1.0.11 单独委托工艺设计、土建以及公用工程设计、初步设计、施工图设计的，按照其占基本服务设计工作量的比例计算工程设计收费。

1.0.12 改扩建和技术改造建设项目，附加调整系数为 1.1～1.4。根据工程设计复杂程度确定适当的附加调整系数，计算工程设计收费。

1.0.13 初步设计之前，根据技术标准的规定或者发包人的要求，需要编制总体设计的，按照该建设项目基本设计收费的 5％加收总体设计费。

1.0.14 建设项目工程设计由两个或者两个以上设计人承担的，其中对建设项目工程设计合理性和整体性负责的设计人，要按照该建设项目基本设计收费的 5％加收主体设计协调费。

1.0.15 工程设计采用标准设计或者复用设计的，按照同类新建项目基本设计收费的 30％计算收费；需要重新进行基础设计的，按照同类新建项目基本设计收费的 40％计算收费；需要对原设计做局部修改的，由发包人和设计人根据设计工作量协商确定工程设计收费。

1.0.16 编制工程施工图预算的，按照该建设项目基本设计收费的 10% 收取施工图预算编制费；编制工程竣工图的，按照该建设项目基本设计收费的 8% 收取竣工图编制费。

1.0.17 工程设计中采用设计人自有专利或者专有技术的，其专利和专有技术收费由发包人与设计人协商确定。

1.0.18 工程设计中的引进技术需要境内设计人配合设计的，或者需要按照境外设计程序和技术质量要求由境内设计人进行设计的，工程设计收费由发包人与设计人根据实际发生的设计工作量，参照本标准协商确定。

1.0.19 由境外设计人提供设计文件，需要境内设计人按照国家标准规范审核并签署确认意见的，按照国际对等原则或者实际发生的工作量，协商确定审核确认费。

1.0.20 设计人提供设计文件的标准份数，初步设计、总体设计分别为 10 份，施工图设计、非标准设备设计、施工图预算、竣工图分别为 8 份。发包人要求增加设计文件份数的，由发包人另行支付印制设计文件工本费。工程设计中需要购买标准设计图的，由发包人支付购图费。

1.0.21 本收费标准不包括本总则 1.0.1 以外的其他服务收费。其他服务收费，国家有收费规定的，按照规定执行；国家没有收费规定的，由发包人与设计人协商确定。

5 水利电力工程设计

5.1 水利电力工程范围

适用于水利、发电、送电、变电，核能工程。

5.2 水利电力工程各阶段工作量比例

表 5.2－1　　　　　水利电力工程各阶段工作量比例表

工程类型	设计阶段	初步设计（％）	招标设计（％）	施工图设计（％）
核能、送电、变电工程		40		60
火电工程		30		70
水库、水电、潮汐工程		25	20	55
风电工程		45		55
引调水工程	建构筑物	25	20	55
	渠道管线	45	20	35
河道治理工程	建构筑物	25	20	55
	河道堤防	55	10	35
灌区田间工程		60		40
水土保持工程		70	10	20

5.3　水利电力工程复杂程度

5.3.1　电力、核能、水库工程

表 5.3－1　　　　　电力、核能、水库工程复杂程度表

等级	工程设计条件
Ⅰ级	1. 新建 4 台以上同容量凝汽式机组发电工程，燃气轮机发电工程； 2. 电压等级 110kV 及以下的送电、变电工程； 3. 设计复杂程度赋分值之和≤－20 的水库和水电工程
Ⅱ级	1. 新建或扩建 2～4 台单机容量 50MW 以上凝汽式机组及 50MW 及以下供热机组发电工程； 2. 电压等级 220kV、330kV 的送电、变电工程； 3. 设计复杂程度赋分值之和为－20～20 的水库和水电工程
Ⅲ级	1. 新建一台机组的发电工程，一次建设两种不同容量机组的发电工程，新建 2～4 台单机容量 50MW 以上供热机组发电工程，新能源发电工程（风电、潮汐等）

等级	工程设计条件
Ⅲ级	2. 电压等级 500kV 送电、变电、换流站工程； 3. 核电工程、核反应堆工程； 4. 设计复杂程度赋分值之和≥20 的水库和水电工程

注 1. 水电工程可行性研究与初步设计阶段合并的，设计总工作量附加调整系数为 1.1；
　　2. 水库和水电工程计费额包括水库淹没区处理补偿费和施工辅助工程费。

5.3.2 其他水利工程

表 5.3-2　　　　　　　　其他水利工程复杂程度表

等级	工程设计条件
Ⅰ级	1. 丘陵、山区、沙漠地区的建筑物投资之和与建设项目中所有建筑物投资之和的比例＜30％的引调水建筑物工程； 2. 丘陵、山区、沙漠地区渠道管线长度之和与建设项目中所有渠道管线长度之和的比例＜30％的引调水渠道管线工程； 3. 堤防等级Ⅴ级的河道治理建（构）筑物及河道堤防工程； 4. 灌区田间工程； 5. 水土保持工程
Ⅱ级	1. 丘陵、山区、沙漠地区的建筑物投资之和与建设项目中所有建筑物投资之和的比例在 30％～60％的引调水建筑物工程； 2. 丘陵、山区、沙漠地区渠道管线长度之和与建设项目中所有渠道管线长度之和的比例在 30％～60％的引调水渠道管线工程； 3. 堤防等级Ⅲ、Ⅳ级的河道治理建（构）筑物及河道堤防工程
Ⅲ级	1. 丘陵、山区、沙漠地区的建筑物投资之和与建设项目中所有建筑物投资之和的比例＞60％的引调水建筑物工程； 2. 丘陵、山区、沙漠地区管线长度之和与建设项目中所有渠道管线长度之和的比例＞60％的引调水渠道管线工程； 3. 堤防等级Ⅰ、Ⅱ级的河道治理建（构）筑物及河道堤防工程； 4. 护岸、防波堤、围堰、人工岛、围垦工程，城镇防洪、河口整治工程

注 引调水渠道或管线、河道堤防工程附加调整系数为 0.85；灌区田间工程附加调整系数为 0.25；水土保持工程附加调整系数为 0.7；河道治理及引调水工程建筑物、构筑物工程附加调整系数为 1.3。

5.4 水库和水电工程复杂程度赋分

表 5.4-1　　　　水库和水电工程复杂程度赋分表

项目	工程设计条件	赋分值
枢纽布置方案比较	一个坝址或一条坝线方案	−10
	两个坝址或两条坝线方案	5
	三个坝址或三条坝线方案	10
建筑物	有副坝	−1
	土石坝、常规重力坝	2
	有地下洞室	6
	两种坝型或两种厂型	7
	新坝型，拱坝、混凝土面板堆石坝、碾压混凝土坝	7
综合利用	防洪、发电、灌溉、供水、航运、减淤、养殖具备一项	−6
	防洪、发电、灌溉、供水、航运、减淤、养殖具备两项	1
	防洪、发电、灌溉、供水、航运、减淤、养殖具备三项	2
	防洪、发电、灌溉、供水、航运、减淤、养殖具备四项	4
	防洪、发电、灌溉、供水、航运、减淤、养殖具备五项及以上	6
环保	环保要求简单	−3
	环保要求一般	1
	环保有特殊要求	3
泥沙	少泥沙河流	−4
	多泥沙河流	5
冰凌	有冰凌问题	5
主坝坝高	坝高＜30m	−4
	坝高 30～50m	1
	坝高 51～70m	2
	坝高 71～150m	4
	坝高＞150m	6

项目	工程设计条件	赋分值
地震设防	地震设防烈度≥7度	4
基础处理	简单：地质条件好或不需进行地基处理	-4
	中等：按常规进行地基处理	1
	复杂：地质条件复杂，需进行特殊地基处理	4
下泄流量	窄河谷坝高在70m以上、下泄流量25000m³/s以上	4
地理位置	地处深山峡谷，交通困难、远离居民点、生活物资供应困难	3

附表一　　　　　　　　**工程设计收费基价表**　　　　　单位：万元

序号	计费额	收费基价
1	200	9.0
2	500	20.9
3	1000	38.8
4	3000	103.8
5	5000	163.9
6	8000	249.6
7	10000	304.8
8	20000	566.8
9	40000	1054.0
10	60000	1515.2
11	80000	1960.1
12	100000	2393.4
13	200000	4450.8
14	400000	8276.7
15	600000	11897.5
16	800000	15391.4

序号	计费额	收费基价
17	1000000	18793.8
18	2000000	34948.9

注 计费额＞2000000 万元的，以计费额乘以 1.6％的收费率计算收费基价。

附表二 工程设计收费专业调整系数表

工程类型	专业调整系数
4. 水利电力工程	
风力发电、其他水利工程	0.8
火电工程	1.0
核电常规岛、水电、水库、送变电工程	1.2
核能工程	1.6

水利部关于印发《水利工程造价工程师注册管理办法》的通知

水建管〔2007〕83 号

各流域机构，各省、自治区、直辖市水利（水务）厅（局），各计划单列市水利（水务）局，新疆生产建设兵团水利局，各有关单位：

为加强对水利工程造价工程师的注册管理，我部制订了《水利工程造价工程师注册管理办法》，现印发施行。

水利部

二〇〇七年三月十三日

水利工程造价工程师注册管理办法

第一条 为加强水利工程造价工程师注册管理，发挥注册水利工程造价工程师作用，规范水利工程造价工程师的执业行为，提高水利工程造价管理质量和工作水平，维护国家和社会公共利益，依据《水利部关于修改或废止部分水行政许可规范性文件的决定》（2005 年水利部令第 25 号），制定本办法。

第二条 本办法适用于水利工程造价工程师注册和持证上岗执业管理。

第三条 水利部负责水利工程造价工程师的注册备案和持证

上岗执业管理工作，办事机构为建设与管理司。

省级水行政主管部门和流域管理机构依照管理权限，负责水利工程造价工程师注册申请材料的受理、转报以及持证上岗执业等相关管理工作。

第四条 本办法中注册水利工程造价工程师，是指经全国水利工程造价工程师资格认证统一考试取得《水利工程造价工程师资格证书》（以下简称资格证书），并按照本规定注册，取得《水利工程造价工程师注册证书》和执业印章，从事水利工程造价专业工作的人员。

第五条 取得资格证书人员，须经水利部注册备案，方可以注册水利工程造价工程师的名义持证上岗执业。有下列情形之一的，不予注册：

（一）死亡或不具备完全民事行为能力的；

（二）在两个及两个以上单位申请注册的；

（三）在申请注册过程中弄虚作假的；

（四）年龄超过 65 周岁的；

（五）未按本办法规定提交合格继续教育证明的；

（六）允许他人以本人名义执业的；

（七）依法不予注册的其他情形。

第六条 水利工程造价工程师注册程序如下：

（一）水利工程造价工程师向所在单位提出申请，经所在单位同意后，一般向单位所在地的省级水行政主管部门提交注册申请材料。在京中央企、事业单位的水利工程造价工程师应向水利部提交注册申请材料，各流域管理机构的水利工程造价工程师应向其所在的流域管理机构提交注册申请材料。

（二）省级水行政主管部门和流域管理机构应当自收到水利工程造价工程师注册申请材料之日起 10 个工作日内提出意见，连同申请材料转报水利部。

（三）水利部自收到已签署意见的水利工程造价工程师注册申请材料之日起 20 个工作日内完成审查工作。对符合条件者准予注册备案，并颁发《水利工程造价工程师注册证书》和执业印章。

水利部每年度向社会公告注册水利工程造价工程师人员名单，接受社会监督。

第七条 首次申请注册应提交下列材料：

（一）经所在单位签署意见并加盖公章的《水利工程造价工程师注册申请表》；

（二）《水利工程造价工程师资格证书》复印件；

（三）身份证复印件。

取得资格证书三年后申请首次注册或被注销注册证书后又重新申请注册执业的，应提交继续教育合格证明。

水利工程造价工程师申请注册，应对其提交的申请材料内容的真实性负责，不得采取欺骗等不正当手段取得《水利工程造价工程师注册证书》和执业印章。

第八条 水利工程造价工程师注册证书有效期满需继续执业的，应当在有效期满 30 个工作日前，按本办法第六条规定的注册程序，办理延续注册备案手续。

申请办理延续注册备案者，应提交下列材料：

（一）经所在单位签署意见并加盖公章的《水利工程造价工程师延续注册申请表》；

（二）《水利工程造价工程师注册证书》和执业印章原件；

（三）继续教育合格证明复印件。

第九条 水利工程造价工程师在注册证书有效期内，其注册内容发生变化的，应当在发生变化后 2 个月内，向本办法第六条规定的相应注册申请受理机构申请办理注册变更手续，并提交以下材料：

（一）《水利工程造价工程师变更注册申请表》一式两份；

（二）《水利工程造价工程师注册证书》原件。

各省级水行政主管部门和各流域管理机构，应在每年1月底前，将上年办理水利工程造价工程师注册变更情况的统计表报水利部备案。

第十条 水利工程造价工程师注册备案后有下列情形之一的，由水利部注销其注册证书，收回《水利工程造价工程师注册证书》和执业印章：

（一）死亡或不具有完全民事行为能力的；

（二）年龄超过65周岁的；

（三）超过注册有效期而未延续注册的；

（四）已与聘用单位解除劳动关系的；

（五）在两个及两个以上单位申请注册的；

（六）以欺骗等不正当手段取得注册证书的；

（七）允许他人以本人名义执业的；

（八）注册证书被依法吊销的；

（九）依法应当注销的其他情形。

第十一条 水利工程造价工程师注册有效期一般为3年。允许水利工程造价工程师注册期限不足3年的按其实际可执业期限确定有效期。

第十二条 《水利工程造价工程师注册证书》和执业印章由水利工程造价工程师本人保管，任何单位、个人不得涂改、伪造、出借、转让和非法扣押、没收《水利工程造价工程师注册证书》和执业印章。

第十三条 水利行业实行水利工程造价工程师持证上岗制度。

（一）凡从事水利工程建设活动的项目法人、设计、监理、施工、咨询、管理等单位，在工程计价、评估、合同管理等部门，应当设置工程造价审核岗位，此岗位必须由注册水利工程造价工程师上岗。

（二）凡水利工程建设的中央项目、中央参与投资的地方项目和地方投资的大型项目，其项目建议书投资估算、可行性研究投资估算、初步设计概算、招标文件的商务条款、招标标底、建设实施阶段的项目管理预算和价差计算、竣工决算报告中关于概算与合同执行情况部分以及上述文件的相关附件等文件的编制，必须有注册水利工程造价工程师参与把关。上述文件的校核、审核和咨询人员必须具备注册水利工程造价工程师资格，文件的扉页必须由上述人员加盖注册水利工程造价工程师执业印章，否则视其文件不合格，主管部门不予审查或审定。

（三）注册水利工程造价工程师持证上岗应做到：严格执行国家有关法律、法规和部门规章；恪守职业道德，诚实守信；对自己提交的技术成果负责，必须且只能在自己担任编制、校核、审核和咨询的相应文件上签字盖章；严格保守工作中取得的技术和经济秘密。

第十四条 在《水利工程造价工程师注册证书》有效期内，水利工程造价工程师应参加至少一次由水利部组织的继续教育培训并取得合格证明。

第十五条 水利工程造价工程师遗失《水利工程造价工程师注册证书》或执业印章，应当在水利部指定的媒体声明后，向本办法第六条规定的相应注册申请受理机构，提出补办《水利工程造价工程师注册证书》或执业印章的申请，补办程序按本办法第六条规定的注册程序进行。

第十六条 水利工程造价工程师注册（首次注册、延续注册、变更注册、补办证书或印章）申请表格式由水利部统一规定，《水利工程造价工程师注册证书》和执业印章由水利部统一制作。

第十七条 各省级水行政主管部门可参照本办法，制定水利工程造价员注册管理办法。

第十八条 本办法由水利部负责解释。

第十九条 本办法自 2007 年 4 月 1 日起实施。

附录 7

艰苦边远地区类别划分

一、新疆维吾尔自治区（99 个）

一类区（1 个）

乌鲁木齐市：东山区。

二类区（11 个）

乌鲁木齐市：天山区、沙依巴克区、新市区、水磨沟区、头屯河区、达坂城区、乌鲁木齐县。

石河子市。

昌吉回族自治州：昌吉市、阜康市、米泉市。

三类区（29 个）

五家渠市。

阿拉尔市。

阿克苏地区：阿克苏市、温宿县、库车县、沙雅县。

吐鲁番地区：吐鲁番市、鄯善县。

哈密地区：哈密市。

博尔塔拉蒙古自治州：博乐市、精河县。

克拉玛依市：克拉玛依区、独山子区、白碱滩区、乌尔禾区。

昌吉回族自治州：呼图壁县、玛纳斯县、奇台县、吉木萨尔县。

巴音郭楞蒙古自治州：库尔勒市、轮台县、博湖县、焉耆回族自治县。

伊犁哈萨克自治州：奎屯市、伊宁市、伊宁县。

塔城地区：乌苏市、沙湾县、塔城市。

四类区（37个）

图木舒克市。

喀什地区：喀什市、疏附县、疏勒县、英吉沙县、泽普县、麦盖提县、岳普湖县、伽师县、巴楚县。

阿克苏地区：新和县、拜城县、阿瓦提县、乌什县、柯坪县。

吐鲁番地区：托克逊县。

克孜勒苏柯尔克孜自治州：阿图什市。

博尔塔拉蒙古自治州：温泉县。

昌吉回族自治州：木垒哈萨克自治县。

巴音郭楞蒙古自治州：尉犁县、和硕县、和静县。

伊犁哈萨克自治州：霍城县、巩留县、新源县、察布查尔锡伯自治县、特克斯县、尼勒克县。

塔城地区：额敏县、托里县、裕民县、和布克赛尔蒙古自治县。

阿勒泰地区：阿勒泰市、布尔津县、富蕴县、福海县、哈巴河县。

五类区（16个）

喀什地区：莎车县。

和田地区：和田市、和田县、墨玉县、洛浦县、皮山县、策勒县、于田县、民丰县。

哈密地区：伊吾县、巴里坤哈萨克自治县。

巴音郭楞蒙古自治州：若羌县、且末县。

伊犁哈萨克自治州：昭苏县。

阿勒泰地区：青河县、吉木乃县。

六类区（5个）

克孜勒苏柯尔克孜自治州：阿克陶县、阿合奇县、乌恰县。

喀什地区：塔什库尔干塔吉克自治县、叶城县。

二、宁夏回族自治区（19个）

一类区（11个）

银川市：兴庆区、灵武市、永宁县、贺兰县。

石嘴山市：大武口区、惠农区、平罗县。

吴忠市：利通区、青铜峡市。

中卫市：沙坡头区、中宁县。

三类区（8个）

吴忠市：盐池县、同心县。

固原市：原州区、西吉县、隆德县、泾源县、彭阳县。

中卫市：海原县。

三、青海省（43个）

二类区（6个）

西宁市：城中区、城东区、城西区、城北区。

海东地区：乐都县、民和回族土族自治县。

三类区（8个）

西宁市：大通回族土族自治县、湟源县、湟中县。

海东地区：平安县、互助土族自治县、循化撒拉族自治县。

海南藏族自治州：贵德县。

黄南藏族自治州：尖扎县。

四类区（12个）

海东地区：化隆回族自治县。

海北藏族自治州：海晏县、祁连县、门源回族自治县。

海南藏族自治州：共和县、同德县、贵南县。

黄南藏族自治州：同仁县。

海西蒙古族藏族自治州：德令哈市、格尔木市、乌兰县、都兰县。

五类区（10个）

海北藏族自治州：刚察县。

海南藏族自治州：兴海县。

黄南藏族自治州：泽库县、河南蒙古族自治县。

果洛藏族自治州：玛沁县、班玛县、久治县。

玉树藏族自治州：玉树县、囊谦县。

海西蒙古族藏族自治州：天峻县。

六类区（7个）

果洛藏族自治州：甘德县、达日县、玛多县。

玉树藏族自治州：杂多县、称多县、治多县、曲麻莱县。

四、甘肃省（83个）

一类区（14个）

兰州市：红古区。

白银市：白银区。

天水市：秦州区、麦积区。

庆阳市：西峰区、庆城县、合水县、正宁县、宁县。

平凉市：崆峒区、泾川县、灵台县、崇信县、华亭县。

二类区（40个）

兰州市：永登县、皋兰县、榆中县。

嘉峪关市。

金昌市：金川区、永昌县。

白银市：平川区、靖远县、会宁县、景泰县。

天水市：清水县、秦安县、甘谷县、武山县。

武威市：凉州区。

酒泉市：肃州区、玉门市、敦煌市。

张掖市：甘州区、临泽县、高台县、山丹县。

定西市：安定区、通渭县、临洮县、漳县、岷县、渭源县、陇西县。

陇南市：武都区、成县、宕昌县、康县、文县、西和县、礼县、两当县、徽县。

临夏回族自治州：临夏市、永靖县。

三类区（18个）

天水市：张家川回族自治县。

武威市：民勤县、古浪县。

酒泉市：金塔县、安西县。

张掖市：民乐县。

庆阳市：环县、华池县、镇原县。

平凉市：庄浪县、静宁县。

临夏回族自治州：临夏县、康乐县、广河县、和政县。

甘南藏族自治州：临潭县、舟曲县、迭部县。

四类区（9个）

武威市：天祝藏族自治县。

酒泉市：肃北蒙古族自治县、阿克塞哈萨克族自治县。

张掖市：肃南裕固族自治县。

临夏回族自治州：东乡族自治县、积石山保安族东乡族撒拉族自治县。

甘南藏族自治州：合作市、卓尼县、夏河县。

五类区（2个）

甘南藏族自治州：玛曲县、碌曲县。

五、陕西省（48个）

一类区（45个）

延安市：延长县、延川县、予长县、安塞县、志丹县、吴起县、甘泉县、富县、宜川县。

铜川市：宜君县。

渭南市：白水县。

咸阳市：永寿县、彬县、长武县、旬邑县、淳化县。

宝鸡市：陇县、太白县。

汉中市：宁强县、略阳县、镇巴县、留坝县、佛坪县。

榆林市：榆阳区、神木县、府谷县、横山县、靖边县、绥德县、吴堡县、清涧县、子洲县。

安康市：汉阴县、石泉县、宁陕县、紫阳县、岚皋县、平利县、镇坪县、白河县。

商洛市：商州区、商南县、山阳县、镇安县、柞水县。

二类区（3个）

榆林市：定边县、米脂县、佳县。

六、云南省（120个）

一类区（36个）

昆明市：东川区、晋宁县、富民县、宜良县、嵩明县、石林彝族自治县。

曲靖市：麒麟区、宣威市、沾益县、陆良县。

玉溪市：江川县、澄江县、通海县、华宁县、易门县。

保山市：隆阳县、昌宁县。

昭通市：水富县。

思茅市：翠云区、澜尔哈尼族彝族自治县、景谷彝族傣族自治县。

临沧市：临翔区、云县。

大理白族自治州：永平县。

楚雄彝族自治州：楚雄市、南华县、姚安县、永仁县、元谋县、武定县、禄丰县。

红河哈尼族彝族自治州：蒙自县、开远市、建水县、弥勒县。

文山壮族苗族自治州：文山县。

二类区（59个）

昆明市：禄劝彝族苗族自治县、寻甸回族自治县。

曲靖市：马龙县、罗平县、师宗县、会泽县。

玉溪市：峨山彝族自治县、新平彝族傣族自治县、元江哈尼族彝族傣族自治县。

保山市：施甸县、腾冲县、龙陵县。

昭通市：昭阳区、绥江县、威信县。

丽江市：古城区、永胜县、华坪县。

思茅市：墨江哈尼族自治县、景东彝族自治县、镇沅彝族哈尼族拉祜族自治县、江城哈尼族彝族自治县、澜沧拉祜族自治县。

临沧市：凤庆县、永德县。

德宏傣族景颇族自治州：潞西市、瑞丽市、梁河县、盈江县、陇川县。

大理白族自治州：祥云县、宾川县、弥渡县、云龙县、洱源县、剑川县、鹤庆县、漾濞彝族自治县、南涧彝族自治县、巍山彝族回族自治县。

楚雄彝族自治州：双柏县、牟定县、大姚县。

红河哈尼族彝族自治州：绿春县、石屏县、泸西县、金平苗族瑶族傣族自治县、河口瑶族自治县、屏边苗族自治县。

文山壮族苗族自治州：砚山县、西畴县、麻栗坡县、马关县、丘北县、广南县、富宁县。

西双版纳傣族自治州：景洪市、勐海县、勐腊县。

三类区（20个）

曲靖市：富源县。

昭通市：鲁甸县、盐津县、大关县、永善县、镇雄县、彝良县。

丽江市：玉龙纳西族自治县、宁蒗彝族自治县。

思茅市：孟连傣族拉祜族佤族自治县、西盟佤族自治县。

临沧市：镇康县、双江拉祜族佤族布朗族傣族自治县、耿马傣族佤族自治县、沧源佤族自治县。

怒江傈僳族自治州：泸水县、福贡县、兰坪白族普米族自治县。

红河哈尼族彝族自治州：元阳县、红河县。

四类区（3个）

昭通市：巧家县。

怒江傈僳族自治州：贡山独龙族怒族自治县。

迪庆藏族自治州：维西傈僳族自治县。

五类区（1个）

迪庆藏族自治州：香格里拉县。

六类区（1个）

迪庆藏族自治州：德钦县。

七、贵州省（77个）

一类区（34个）

贵阳市：清镇市、开阳县、修文县、息烽县。

六盘水市：六枝特区。

遵义市：赤水市、遵义县、绥阳县、凤冈县、湄潭县、余庆县、习水县。

安顺市：西秀区、平坝县、普定县。

毕节地区：金沙县。

铜仁地区：江口县、石阡县、思南县、松桃苗族自治县。

黔东南苗族侗族自治州：凯里市、黄平县、施秉县、三穗县、镇远县、岑巩县、锦屏县、麻江县。

黔南布依族苗族自治州：都匀市、贵定县、瓮安县、独山县、龙里县。

黔西南布依族苗族自治州：兴义市。

二类区（36个）

六盘水市：钟山区、盘县。

遵义市：仁怀市、桐梓县、正安县、道真仡佬族苗族自治县、务川仡佬族苗族自治县。

安顺市：关岭布依族苗族自治县、镇宁布依族苗族自治县、紫云苗族布依族自治县。

毕节地区：毕节市、大方县、黔西县。

铜仁地区：德江县、印江土家族苗族自治县、沿河土家族自治县、万山特区。

黔东南苗族侗族自治州：天柱县、剑河县、台江县、黎平县、榕江县、从江县、雷山县、丹寨县。

黔南布依族苗族自治州：荔波县、平塘县、罗甸县、长顺县、惠水县、三都水族自治县。

黔西南布依族苗族自治州：兴仁县、贞丰县、望谟县、册亨县、安龙县。

三类区（7个）

六盘水市：水城县。

毕节地区：织金县、纳雍县、赫章县、威宁彝族回族苗族自治县。

黔西南布依族苗族自治州：普安县、晴隆县。

八、四川省（77个）

一类区（24个）

广元市：朝天区、旺苍县、青川县。

泸州市：叙永县、古蔺县。

宜宾市：筠连县、珙县、兴文县、屏山县。

攀枝花市：东区、西区、仁和区、米易县。

巴中市：通江县、南江县。

达州市：万源市、宣汉县。

雅安市：荥经县、石棉县、天全县。

凉山彝族自治州：西昌市、德昌县、会理县、会东县。

二类区（13个）

绵阳市：北川羌族自治县、平武县。

雅安市：汉源县、芦山县、宝兴县。

阿坝藏族羌族自治州：汶川县、理县、茂县。

凉山彝族自治州：宁南县、普格县、喜德县、冕宁县、越西县。

三类区（9个）

乐山市：金口河区、峨边彝族自治县、马边彝族自治县。

攀枝花市：盐边县。

阿坝藏族羌族自治州：九寨沟县。

甘孜藏族自治州：泸定县。

凉山彝族自治州：盐源县、甘洛县、雷波县。

四类区（20个）

阿坝藏族羌族自治州：马尔康县、松潘县、金川县、小金县、黑水县。

甘孜藏族自治州：康定县、丹巴县、九龙县、道孚县、炉霍县、新龙县、德格县、白玉县、巴塘县、乡城县。

凉山彝族自治州：布拖县、金阳县、昭觉县、美姑县、木里藏族自治县。

五类区（8个）

阿坝藏族羌族自治州：壤塘县、阿坝县、若尔盖县、红原县。

甘孜藏族自治州：雅江县、甘孜县、稻城县、得荣县。

六类区（3个）

甘孜藏族自治州：石渠县、色达县、理塘。

九、重庆市（11个）

一类区（4个）

黔江区、武隆县、巫山县、云阳县。

二类区（7个）

城口县、巫溪县、奉节县、石柱土家族自治县、彭水苗族土家族自治县、酉阳土家族苗族自治县、秀山土家族苗族自治县。

十、海南省（7个）

一类区（7个）

五指山市、昌江黎族自治县、白沙黎族自治县、琼中黎族苗族自治县、陵水黎族自治县、保亭黎族苗族自治县、乐东黎族自治县。

十一、广西壮族自治区（58个）

一类区（36个）

南宁市：横县、上林县、隆安县、马山县。

桂林市：全州县、灌阳县、资源县、平乐县、恭城瑶族自治县。

柳州市：柳城县、鹿寨县、融安县。

梧州市：蒙山县。

防城港市：上思县。

崇左市：江州区、扶绥县、天等县。

百色市：右江区、田阳县、田东县、平果县、德保县、田林县。

河池市：金城江区、宜州市、南丹县、天峨县、罗城仫佬族自治县、环江毛南族自治县。

来宾市：兴宾区、象州县、武宣县、忻城县。

贺州市：昭平县、钟山县、富川瑶族自治县。

二类区（22个）

桂林市：龙胜各族自治县。

柳州市：三江侗族自治县、融水苗族自治县。

防城港市：港口区、防城区、东兴市。

崇左市：凭祥市、大新县、宁明县、龙州县。

百色市：靖西县、那坡县、凌云县、乐业县、西林县、隆林各族自治县。

河池市：凤山县、东兰县、巴马瑶族自治县、都安瑶族自治县、大化瑶族自治县。

来宾市：金秀瑶族自治县。

十二、湖南省（**14个**）

一类区（6个）

张家界市：桑植县。

永州市：江华瑶族自治县。

邵阳市：城步苗族自治县。

怀化市：麻阳苗族自治县、新晃侗族自治县、通道侗族自治县。

二类区（8个）

湘西土家族苗族自治州：吉首市、泸溪县、凤凰县、花垣县、保靖县、古丈县、永顺县、龙山县。

十三、湖北省（**18个**）

一类区（10个）

十堰市：郧县、竹山县、房县、郧西县、竹溪县。

宜昌市：兴山县、秭归县、长阳土家族自治县、五峰土家族自治县。

神农架林区。

二类区（8个）

恩施土家族苗族自治州：恩施市、利川市、建始县、巴东县、宣恩县、咸丰县、来凤县、鹤峰县。

十四、黑龙江省（104个）

一类区（32个）

哈尔滨市：尚志市、五常市、依兰县、方正县、宾县、巴彦县、木兰县、通河县、延寿县。

齐齐哈尔市：龙江县、依安县、富裕县。

大庆市：肇州县、肇源县、林甸县。

伊春市：铁力市。

佳木斯市：富锦市、桦南县、桦川县、汤原县。

双鸭山市：友谊县。

七台河市：勃利县。

牡丹江市：海林市、宁安市、林口县。

绥化市：北林区、安达市、海伦市、望奎县、青冈县、庆安县、绥棱县。

二类区（67个）

齐齐哈尔市：建华区、龙沙区、铁锋区、昂昂溪区、富拉尔基区、碾子山区、梅里斯达斡尔族区、讷河市、甘南县、克山县、克东县、拜泉县。

黑河市：爱辉区、北安市、五大连池市、嫩江县。

大庆市：杜尔伯特蒙古族自治县。

伊春市：伊春区、南岔区、友好区、西林区、翠峦区、新青区、美溪区、金山屯区、五营区、乌马河区、汤旺河区、带岭区、乌伊岭区、红星区、上甘岭区、嘉荫县。

鹤岗市：兴山区、向阳区、工农区、南山区、兴安区、东山区、萝北县、绥滨县。

佳木斯市：同江市、抚远县。

双鸭山市：尖山区、岭东区、四方台区、宝山区、集贤县、宝清县、饶河县。

七台河市：桃山区、新兴区、茄子河区。

鸡西市：鸡冠区、恒山区、滴道区、梨树区、城子河区、麻山区、虎林市、密山市、鸡东县。

牡丹江市：穆棱市、绥芬河市、东宁县。

绥化市：兰西县、明水县。

三类区（5个）

黑河市：逊克县、孙吴县。

大兴安岭地区：呼玛县、塔河县、漠河县。

十五、吉林省（25个）

一类区（14个）

长春市：榆树市。

白城市：大安市、镇赉县、通榆县。

松原市：长岭县、乾安县。

吉林市：舒兰市。

四平市：伊通满族自治县。

辽源市：东辽县。

通化市：集安市、柳河县。

白山市：八道江区、临江市、江源县。

二类区（11个）

白山市：抚松县、靖宇县、长白朝鲜族自治县。

延边朝鲜族自治州：延吉市、图们市、敦化市、珲春市、龙井市、和龙市、汪清县、安图县。

十六、辽宁省 (14个)

一类区 (14个)

沈阳市：康平县。

朝阳市：北票市、凌源市、朝阳县、建平县、喀喇沁左翼蒙古族自治县。

阜新市：彰武县、阜新蒙古族自治县。

铁岭市：西丰县、昌图县。

抚顺市：新宾满族自治县。

丹东市：宽甸满族自治县。

锦州市：义县。

葫芦岛市：建昌县。

十七、内蒙古自治区 (95个)

一类区 (23个)

呼和浩特市：赛罕区、托克托县、土默特左旗。

包头市：石拐区、九原区、土默特右旗。

赤峰市：红山区、元宝山区、松山区、宁城县、巴林右旗、敖汉旗。

通辽市：科尔沁区、开鲁县、科尔沁左翼后旗。

鄂尔多斯市：东胜区、达拉特旗。

乌兰察布市：集宁区、丰镇市。

巴彦淖尔市：临河区、五原县、磴口县。

兴安盟：乌兰浩特市。

二类区 (39个)

呼和浩特市：武川县、和林格尔县、清水河县。

包头市：白云矿区、固阳县。

乌海市：海勃湾区、海南区、乌达区。

赤峰市：林西县、阿鲁科尔沁旗、巴林左旗、克什克腾旗、翁牛特旗、喀喇沁旗。

通辽市：库伦旗、奈曼旗、扎鲁特旗、科尔沁左翼中旗。

呼伦贝尔市：海拉尔区、满洲里市、扎兰屯市、阿荣旗。

鄂尔多斯市：准格尔旗、鄂托克旗、杭锦旗、乌审旗、伊金霍洛旗。

乌兰察布市：卓资县、兴和县、凉城县、察哈尔右翼前旗。

巴彦淖尔市：乌拉特前旗、杭锦后旗。

兴安盟：突泉县、科尔沁右翼前旗、科尔沁右翼中旗、扎赉特旗。

锡林郭勒盟：锡林浩特市、二连浩特市。

三类区（24个）

包头市：达尔罕茂明安联合旗。

通辽市：霍林郭勒市。

呼伦贝尔市：牙克石市、额尔古纳市、新巴尔虎右旗、新巴尔虎左旗、陈巴尔虎旗、鄂伦春自治旗、鄂温克族自治旗、莫力达瓦达斡尔族自治旗。

鄂尔多斯市：鄂托克前旗。

乌兰察布市：化德县、商都县、察哈尔右翼中旗、察哈尔右翼后旗。

巴彦淖尔市：乌拉特中旗。

兴安盟：阿尔山市。

锡林郭勒盟：多伦县、东乌珠穆沁旗、西乌珠穆沁旗、太仆寺旗、镶黄旗、正镶白旗、正蓝旗。

四类区（9个）

呼伦贝尔市：根河市。

乌兰察布市：四子王旗。

巴彦淖尔市：乌拉特后旗。

锡林郭勒盟：阿巴嘎旗、苏尼特左旗、苏尼特右旗。

阿拉善盟：阿拉善左旗、阿拉善右旗、额济纳旗。

十八、山西省（44个）

一类区（41个）

太原市：娄烦县。

大同市：阳高县、灵丘县、浑源县、大同县。

朔州市：平鲁区。

长治市：平顺县、壶关县、武乡县、沁县。

晋城市：陵川县。

忻州市：五台县、代县、繁峙县、宁武县、静乐县、神池县、五寨县、岢岚县、河曲县、保德县、偏关县。

晋中市：榆社县、左权县、和顺县。

临汾市：古县、安泽县、浮山县、吉县、大宁县、永和县、隰县、汾西县。

吕梁市：中阳县、兴县、临县、方山县、柳林县、岚县、交口县、石楼县。

二类区（3个）

大同市：天镇县、广灵县。

朔州市：右玉县。

十九、河北省（28个）

一类区（21个）

石家庄市：灵寿县、赞皇县、平山县。

张家口市：宣化县、蔚县、阳原县、怀安县、万全县、怀来县、涿鹿县、赤城县。

承德市：承德县、兴隆县、平泉县、滦平县、隆化县、宽城满族自治县。

秦皇岛市：青龙满族自治县。

保定市：涞源县、涞水县、阜平县。

二类区（4个）

张家口市：张北县、崇礼县。

承德市：丰宁满族自治县、围场满族蒙古族自治县。

三类区（3个）

张家口市：康保县、沽源县、尚义县。

附录 8

西藏自治区特殊津贴地区类别

二类区

拉萨市：拉萨市城关区及所属办事处，达孜县，尼木县县驻地、尚日区、吞区、尼木区，曲水县，墨竹工卡县（不含门巴区和直孔区），堆龙德庆县。

昌都地区：昌都县（不含妥坝区、拉多区、面达区），芒康县（不含戈波区），贡觉县县驻地、波洛区、香具区、哈加区，八宿县（不含邦达区、同卡区、夏雅区），左贡县（不含川妥区、美玉区），边坝县（不含恩来格区），洛隆县（不含腊久区），江达县（不含德登区、青泥洞区、字嘎区、邓柯区、生达区），类乌齐县县驻地、桑多区、尚卡区、甲桑卡区、丁青县（不含嘎塔区），察雅县（不含括热区、宗沙区）。

山南地区：乃东县，琼结县（不含加麻区），措美县当巴区、乃西区，加查县，贡嘎县（不含东拉区），洛扎县（不含色区和蒙达区），曲松县（不含贡康沙区、邛多江区），桑日县（不含真纠区），扎囊县，错那县勒布区、觉拉区，隆子县县驻地、加玉区、三安曲林区、新巴区，浪卡子县卡拉区。

日喀则地区：日喀则市，萨迦县孜松区、吉定区，江孜县卡麦区、重孜区，拉孜县拉孜区、扎西岗区、彭错林区，定日县卡选区、绒辖区，聂拉木县县驻地，吉隆县吉隆区，亚东县县驻地、下司马镇、下亚东区、上亚东区，谢通门县县驻地、恰嘎区，仁布县县驻地、仁布区、德吉林区，白朗县（不含汪丹区），南木林县多角区、艾玛岗区、土布加区，樟木口岸。

林芝地区：林芝县，朗县，米林县，察隅县，波密县，工布江达县（不含加兴区、金达乡）。

三类区

拉萨市：林周县，尼木县安岗区、帕古区、麻江区，当雄县（不含纳木错区），墨竹工卡县门巴区、直孔区。

那曲地区：嘉黎县尼屋区，巴青县县驻地、高口区、益塔区、雅安多区，比如县（不含下秋卡区、恰则区），索县。

昌都地区：昌都县妥坝区、拉多区、面达区，芒康县戈波区，贡觉县则巴区、拉妥区、木协区、罗麦区、雄松区，八宿县邦达区、同卡区、夏雅区，左贡县田妥区、美玉区，边坝县恩来格区，洛隆县腊久区，江达县德登区、青泥洞区、字嘎区、邓柯区、生达区，类乌齐县长毛岭区、卡玛多（巴夏）区、类乌齐区，察雅县括热区、宗沙区。

山南地区：琼结县加麻区，措美县县驻地、当许区，洛扎县色区、蒙达区，曲松县贡康沙区、邛多江区，桑日县真纠区，错那县县驻地、洞嘎区、错那区，隆子县甘当区、扎日区、俗坡下区、雪萨区，浪卡子县（不含卡拉区、张达区、林区）。

日喀则地区：定结县县驻地、陈塘区、萨尔区、定结区、金龙区，萨迦县（不含孜松区、吉定区），江孜县（不含卡麦区、重孜区），拉孜县县驻地、曲下区、温泉区、柳区，定日县（不含卡达区、绒辖区），康马县，聂拉木县（不含县驻地），吉隆县（不含吉隆区），亚东县帕里镇、堆纳区，谢通门县塔玛区、查拉区、德来区，昂仁县（不含桑桑区、查孜区、措麦区），萨噶县旦嘎区，仁布县帕当区、然巴区、亚德区，白朗县汪丹区，南木林县（不含多角区、艾玛岗区、土布加区）。

林芝地区：墨脱县，工布江达县加兴区、金达乡。

四类区

拉萨市：当雄县纳木错区。

那曲地区：那曲县，嘉黎县（不含尼屋区），申扎县，巴青县江绵区、仓来区、巴青区、本索区，聂荣县，尼玛县，比如县下秋卡区，恰则区，班戈县，安多县。

昌都地区：丁青县嘎塔区。

山南地区：措美县哲古区，贡嘎县东拉区，隆子县雪萨乡，浪卡子县张达区、林区。

日喀则地区：定结县德吉（日屋区），谢通门县春哲（龙桑）区、南木切区，昂仁县桑桑区、查孜区、措麦区，岗巴县，仲巴县，萨嘎县（不含旦嘎区）。

阿里地区：噶尔县，措勒县，普兰县，革吉县，日土县，扎达县，改则县。